防雷文书编制规范

宁波　周超　张凤钦　编著

内容简介

《防雷文书编制规范》从防雷文书编制基础知识入手，按照《气象灾害防御条例》《防雷减灾管理办法》等法律规章以及《建筑物防雷装置检测技术规范》（GB/T 21431—2015）《防雷装置检测文件归档整理规范》（QX/T 319—2016）《建筑物防雷装置施工与验收规范》（DB37/1228—2009）等国家标准、气象行业标准及山东省地方标准要求，将防雷文书分为四大类六小类，对编制防雷行政许可文书、防雷装置检测报告、新建防雷工程设计技术评价和竣工验收、雷击灾害调查与鉴定等技术报告提出明确要求，为提高防雷文书的合法性、公正性、科学性和简便性奠定了基础，对推动国标、行标和地标的贯彻实施具有重要作用。《防雷文书编制规范》是防雷减灾管理人员必备的工具书，也是防雷技术服务人员重要的专业参考用书，更可作为培训防雷技术服务人员的实用教材。

图书在版编目（CIP）数据

防雷文书编制规范/宁波，周超，张凤钦编著．—北京：气象出版社，2016．8

ISBN 978-7-5029-6405-4

Ⅰ．①防… Ⅱ．①宁… ②周… ③张… Ⅲ．①防雷-文书-书写规则-山东 Ⅳ．①P427．32-65

中国版本图书馆 CIP 数据核字（2016）第 201878 号

防雷文书编制规范

出版发行：气象出版社

地　　址：北京市海淀区中关村南大街 46 号　　**邮政编码**：100081

电　　话：010-68407112（总编室）　010-68409198（发行部）

网　　址：http：//www．qxcbs．com　　**E-mail**：qxcbs@cma．gov．cn

责任编辑：张锐锐　孔思瑶　　**终　　审**：邵俊年

责任校对：王丽梅　　**责任技编**：赵相宁

封面设计：有　田

印　　刷：北京京科印刷有限公司

开　　本：710 mm×1000 mm　1/16　　**印　　张**：12

字　　数：220 千字

版　　次：2016 年 8 月第 1 版　　**印　　次**：2016 年 8 月第 1 次印刷

定　　价：48．00 元

序

统一规范的防雷文书是防雷减灾行政管理、防雷装置检测以及设计、施工等工作的重要载体，是反映防雷减灾工作严肃性、有效性、规范性的具有法律效力和法律参考意义的重要文本，是防雷社会管理规范化的基本要求，也是防雷从业人员综合素质和服务水平的重要体现。正确使用科学、规范的防雷文书，对于完善防雷重点单位监管制度，建立防雷安全监管常态化监督检查机制，促进行业执业标准、自律规范和惩戒规则，杜绝恶性竞争行为，形成规范健康有序发展的市场环境都具有十分重要的作用。

《防雷文书编制规范》坚持针对性、实用性、先进性和可操作性的原则，充分考虑国家标准、气象行业标准和山东省地方标准等对防雷装置设计技术评价、防雷装置施工质量监督与验收、建筑物防雷装置检测、雷电灾害调查等工作提出的具体要求，结合防雷减灾管理工作实际，内容涵盖防雷行政许可文书、防雷装置检测报告、新建防雷工程设计技术评价和竣工验收、雷击灾害调查与鉴定等技术报告样本以及编制要求，经省市专家多次论证并征求有关单位意见最终汇编成册。

《防雷文书编制规范》严格按照《气象灾害防御条例》、《防雷减灾管理办法》等现行法规规章以及《建筑物防雷装置检测技术规范》（GB/T 21431—2015）《建筑物防雷设计规范》（GB 50057—2010）《建筑物电子信息系统防雷技术规范》（GB 50343—2012）《防雷工程文件归档整理规范》（QX/T 247—2014）《防雷装置检测文件归档整理规范》（QX/T 319—2016）和《建筑物防雷装置施工与验收规范》（DB37/1228—2009）等现行国家标准、行业标准及地方标准要求，将防雷文书分为四大类六小类。整理归纳了各类防雷文书的制作要求、注意事项、文书样式和规范文本。同时，将防雷文书制作中常用的规范和仪器设备附后，方便查阅和使用。

《防雷文书编制规范》为防雷减灾及技术服务提供了直观、具体和可操作的业务指导，为进一步推动国家标准和行业标准的贯彻实施奠定了基础，是防雷减灾管理人员必备的工具书，也是防雷技术服务人员重要的专业参考用书，同时，可作为培训防雷技术服务人员的实用教材。

史玉光*

2016 年 7 月

---

* 史玉光：山东省气象局党组书记、局长。

目　　录

第一章　防雷文书概述

一、防雷文书概念

防雷文书，是指气象主管机构及其依法授权委托的具有防雷专业资质的组织，依据相关法律法规及技术规范，按照规定程序对防雷装置进行检测、检查、设计技术评价、竣工验收和防雷工程协商行为而制作的具有法律效力和法律参考意义的文书，包括防雷装置常规检测文书、防雷装置设计技术评价和竣工验收、防雷工程参考文书、雷电灾害调查、鉴定文书、雷击风险评估文书和防雷行政许可文书等。

二、防雷文书的制作要求

制作防雷文书，是一种严肃的工作行为。要求制作者必须熟练掌握防雷业务知识和相关法律知识，具备较高的业务水平和严谨细致的工作作风。同时，要求掌握防雷文书制作的相关要求。

（一）格式统一。防雷文书是一种有固定格式的文书。因此，制作各类文书时，必须严格遵守有关规定，对规定格式的文书必须按要求填写齐备，把要求写明的内容、事项填写清楚，准确完整，其中委托协议、工程合同样本仅供参考使用。

（二）填写完整。防雷文书设定的栏目，应当填写完整，不得遗漏和随意修改。无须填写的，应当用斜线划去，不得省略或简化，对于整页不具备的项，可不编制页码或编制页码并加盖“以下空白”章。各类文书正页不够用时，可使用续页或附页，但应按顺序编页号，不得散失。防雷文书中数字填写要规范，除编号、数量、参数等必须使用阿拉伯数字的外，其他应使用汉字。

（三）制作合法。防雷文书必须依法制作、严格制作流程和制作程序。同时，还要注意制作防雷文书时应当履行的法律、法规以及规章规定的审批程序，严格遵循法定的时限要求。防雷技术人员制作的文书只有符合上述规定，出具的防雷文书才具有合法性。

（四）法律法规规章引用要准确。填写防雷文书时，依据的法律、法规、规章和技术规范一定要准确、具体，有条款的，要写明第几条第几款；有项的，应当写明第几条第几款第几项；有的法律、法规和规章中有目的，还要写清楚第几条第几款第几项第几目。

（五）文书用语要准确、客观，不能模棱两可、含糊不清。防雷文书填写的内容应当符合有关法律、法规、规章和技术规范的规定，做到格式统一、内容完整、数据准确、表述清楚、用语规范、签名齐全。常规检测报告和竣工验收报告结论栏、设计评价意见栏避免使用“基本合格”、“基本符合要求”等模糊含义词语。

（六）使用印章要求。防雷装置检测报告、防雷装置设计技术评价意见、防雷装置竣工验收报告等技术层面的文书，加盖技术服务单位的印章（或相应专用章）；防雷装置合格证、防雷装置核准书、防雷装置验收合格证等文书，加盖气象主管机构印章（或相应专用章）。加盖印章应当清晰端正。

（七）档案管理要求。

1. 防雷档案应当制作封面、卷内目录、备考表。归档文书材料应当齐全完整。卷宗目录应当包括序号、材料名称、页号等内容，按照防雷档案目录的排列顺序逐件填写，整理归档。文书装帧按照归档要求。

2. 防雷行政许可或技术服务项目完结成卷，应当及时向档案室移交，进行归档。防雷档案应当整齐、美观、固定，不松散、不压字迹、不掉页、便于翻阅。

3. 健全防雷档案管理制度，及时增加雷电灾害调查、鉴定、雷电灾害风险评估等档案资料。

第二章　防雷装置常规检测文书制作要求和样本

第一节　防雷装置年度安全检测申报表

申报单位必须确保所提供资料的真实性，对故意隐瞒不报的，将依据相关法规予以行政处罚；对因故意隐瞒不报而造成国家及个人财产损失和人员伤亡的，相关责任人将依法追究相应的法律责任。此文书是必用文书。

制作要求和注意事项

1. 申报单位处应填写申报单位全称，以便日后查询，填写完毕后须加盖申报单位公章；经办人、单位地址、邮政编码、联系部门、联系人、联系电话如实填写。

2. 建筑物使用用途按照申报单位实际情况在办公楼、厂房、加油加气站、仓库、一般性建筑方框内用“√”表示，一般性建筑指的是一般性民用建筑，如住宅楼、教学楼等，如建筑物使用用途未在上述范围内，则可以在“其他”一栏中说明。

3. 建筑物数量指的是申报单位建筑物单体数量。

4. 电源情况按实际情况在架空进线、自设配电室、埋地进线方框内用“√”表示。

5. 是否安装有电涌保护器、是否存在易燃易爆场所、是否存在电子信息机房按照实际情况在有或无方框内用“√”表示。

6. 机房数量填写申报单位的现有电子信息机房数量，如果没有则填无。

7. 上次检测日期填写上一年出具的检测报告内标明的检测日期，本次预检日期填检测单位预计对申报单位进行检测的日期。

8. 受理意见填写“同意受理”，承办人签字，受理单位盖检测单位公章。

第二节　防雷装置检测协议书

签订防雷装置检测协议。协议的内容要检测方、被检方双方商定，要符合《中华人民共和国合同法》等有关法律法规规定，遵循平等、自愿、公平和诚实信用的原则，明确双方的责、权、利。此文书是必用文书。

制作要求和注意事项

1. 协议书编号格式为“市县简码＋工作性质简码＋年份＋三位顺序号”，如烟台市防雷装置检测（年检）协议为“SDYTNJ2010001”等，威海市防雷装置检测（年检）协议为“SDWHNJ2010001”等，参见附录三。

2. 甲方填委托单位，乙方填检测单位。

3. 第一款填写甲方委托检测项目，如实填写。

4. 第三款检测费用一栏如实填写。

5. 协议书盖双方公章，代表人（法定代表人或委托代理人）签字，日期填写签约日期。

第三节　防雷装置检测原始记录

原始记录包括检测信息汇总页、直击雷原始记录、防闪电感应和闪电电涌侵入装置、信号电涌保护器、电源电涌保护器检测记录。

1. 原始记录的内容包括：检测点的名称，检测点的编号，检测日期和检测完成日期，检测项目和方法，检测仪器名称、型号，仪器检测条件，必需的检测环境条件，检测过程中所出现的现象的观察记录，检测原始记录的计算及数据处理结果，检测人员和校核人员签名等内容。

2. 原始记录必须用钢笔或中性笔填写，原始记录中对每次检测中的可变因素，要求手工填写，不允许打印。

3. 检测人员在检测过程中必须按上述内容书写，字迹清晰，易于辨认。

4. 检测记录如有错误，应在错误处划两条横线，在其右上方写下正确数据并加盖检测员名章确认，不允许随意涂改和删减原始记录，也不允许在其他纸张上记录后再重新抄写。

5. 原始记录必须经校核人审查无误后，签字确认。

6. 原始记录必须经现场检测人员、校核人、受检单位负责人签字后，送交档案室存档保存。

7. 原始记录在档案室存档保存三年。

一、检测信息汇总页制作要求和注意事项

（一）委托单位、联系人、单位地址、联系电话、邮编、检测日期如实填写。

（二）“天气状况”一栏应按照实际情况在“晴、多云、阴”方框内用“√”表示，“地面状况”一栏也应如实在“干燥、潮湿”方框内用“√”表示。

（三）防雷类别按建筑物所属防雷类别如实填写，填写“一类”、“二类”、“三类”。

（四）委托协议编号填写双方签订的《防雷装置检测协议书》编号。

（五）检测仪器一栏填写本次实际使用的检测仪器项目，并记录仪器型号和仪器编号（仪器编号参照计量认证相关规定编写或由单位自行编写）。

二、直击雷原始记录制作要求和注意事项

（一）检测编号采用“市县简码＋年份＋三位顺序号”形式进行编排。如有不同组同时检测，可按组别（A组、B组等）进行区分，第一组可编为“市县简码＋年份＋A＋三位顺序号”、第二组编为“市县简码＋年份＋B＋三位顺序号”等，参见附录三表一。

（二）接地类型一栏按照实际情况在“自然、人工、混合”方框内用“√”标识，地网形式一栏如实在“A型”或“B型”方框内用“√”标识。

注：人工接地体可按设计文件要求分别按A型地或B型地安装，并应符合下列要求：A型地为每根引下线终端所连接的独立接地体，其接地体不应少于两根，可在土壤中接地线端头（埋设深度不应小于0.6m）的左右方向焊接两根水平接地体或两根垂直接地体或水平、垂直接地体各一根；B型地为围绕建筑物四周在散水坡外大于1m处埋设的环形闭合接地体，在土壤中的埋设深度不应小于0.6m，距墙和基础不宜小于1m。可采用人工水平接地体或人工水平接地体与垂直接地体相结合的方式敷设。

（三）均压环类型根据检测情况在“自然、人工”方框内用“√”标识，均压环间距如实填写，“幕墙、钢构架和主钢筋是否可靠连接”和“外墙栏杆、金属门窗和主钢筋是否可靠连接”两项如实在“是”或“否”方框内用“√”标识（如果利用建筑物外墙结构圈梁内的两条水平主钢筋连接构成闭合环路作为水平接闪带则在“自然”方框中用“√”标识；如果在外墙结构圈梁内敷设一条直径不小于12mm镀锌圆钢或不小于25mm×4mm镀锌扁钢作为水平接闪带，并与所有防雷引下线相连接则在“人工”方框中用“√”标识）。

（四）主表内检测点名称应按实际情况填写，如“东侧接闪杆”“西北角引下线”“屋面天线接闪杆”等，检测加油加气站时可填写“罩棚”“油罐接闪杆”等。

（五）接闪器架设高度指的是接闪杆（带、线、网）的架设高度（相对高度），如实填写；形状填“带状”“针状”“网状”；材料指的是接闪杆（带、线、网）的材质，如实填写，如“热镀锌圆钢”“热镀锌钢管”等；规格一栏中，钢管、圆钢均填外直径，如“Φ10”，扁钢填边长，如“－40×4”，角钢填写边长，如“∠40×40×4”。

注：接闪杆的架设高度应按滚球法进行计算，要满足保护建筑物和楼顶设施的要求。接闪带宜采用固定支架固定，固定支架高度不宜小于0.10m。

根据《建筑物防雷设计规范》（GB 50057—2010）第 5.2.2 条　接闪杆宜采用热镀锌圆钢或钢管制成时，其直径应符合下列规定：杆长 1m 以下时，圆钢不应小于 12mm，钢管不应小于为 20mm；杆长 1～2m 时，圆钢不应小于 16mm，钢管不应小于 25mm；独立烟囱顶上的杆，圆钢不应小于 20mm，钢管不应小于 40mm。

第 5.2.3 条　当独立烟囱上采用热镀锌接闪环时，其圆钢直径不应小于 12mm，扁钢截面不应小于 100mm^2，其厚度不应小于 4mm。

第 5.2.5 条　架空接闪线和接闪网宜采用截面不小于 50mm^2 热镀锌钢绞线或铜绞线。

（六）引下线一列中材料一栏填写引下线材质，如“热镀锌圆钢”、“热镀锌扁钢”等；敷设方式填“暗敷”或“明敷”；间距应按实际检测情况如实填写，单位是“m”；规格一栏中，圆钢填直径，如“Φ8”，扁钢填边长，如“－40×4”。

注：如果引下线是属于专用引下线，材质应采用热镀锌圆钢或热镀锌扁钢，优先采用热镀锌圆钢。圆钢直径不应小于 8mm，扁钢截面不应小于 48mm^2，其厚度不应小于 4mm。在腐蚀性较强的场所，尚应加大其截面。

如果引下线是属于自然引下线，宜利用建筑物构造柱和剪力墙内的纵向主筋或钢柱作为自然引下线。当构造柱内主筋直径不小于 16mm 时，宜利用对角两根钢筋作为一组引下线；当主筋直径不大于 16mm 且不小于 10mm 时，宜利用对角四根钢筋作为一组引下线。

引下线间距应满足以下要求：一类防雷建筑物不大于 12m，二类防雷建筑物不大于 18m，三类防雷建筑物不大于 25m。

（七）工频接地电阻值指的是用接地电阻测试仪进行测试时仪表所显示数值（通常是指在小于 5m 的情况下），当 G 极连接线需要加长时，应将实测接地电阻值减去加长线阻值后填入表格，加长线阻值应用接地电表二极法测试后取得。

（八）检测员、校核人一栏按实际情况签名，受检单位安全负责人由委托单位安全负责人签名。

（九）其他需要说明事项填入“备注”栏。

三、防闪电感应、闪电电涌侵入装置记录制作要求和注意事项

（一）检测编号采用“市县简码＋年份＋三位顺序号”形式进行编排，如有不同组同时检测，可按组别（A 组、B 组等）进行区分，第一组可编为“市县简码＋年份＋A＋三位顺序号”、第二组编为“市县简码＋年份＋B＋三位顺序号”等，参见附录三表一。

（二）检测点名称一栏中，填“一楼配电箱”“总配电柜”“网络机柜”“总等电位排”“楼层等电位连接排”“管道”“线槽”“桥架”“线路屏蔽管”“光缆加强

筋”等，检测加油加气站时，此栏可以填写“通风管”“输油管”“卸油管”“加油机外壳”“加油枪”“法兰盘”“顶板”“呼吸阀”“栈桥”“鹤管”等。

（三）金属物（设备）名称如实填写，如“PE排”“服务器”“交换机”等。

（四）外观检查填“良好”或“污损”。

（五）连接导体一栏中，“材料”填“BV”“BVR”“镀锌圆钢”“镀锌扁铁”“铜编织带”等，其中连接导体材料可填写“BV”“BVR”，表示聚氯乙烯单股铜芯绝缘电线和聚氯乙烯铜芯多股绝缘软线。规格一栏中，钢管、圆钢均填外直径，如“Φ10”，扁钢填边长，如“－40×4”，角钢填写边长，如“∠40×40×4”，绝缘电线填线的横截面积，如“$16mm^2$”“$6mm^2$”，单位为“mm^2”。

（六）跨接状况填“良好”或“差”。

（七）敷设净距指的是管道或线槽的平行或垂直距离，如实填写，单位为“m”。

（八）过渡电阻指的是用等电位测试仪进行过渡电阻测量时仪表所显示数值，直接读入后填入此栏中。

注：用过渡电阻测试仪进行测试时，测试端子的一端与MEB、LEB连接，另一端与待测金属物连接，然后进行测试，读出的测试数值填入表中。

（九）检测员、校工频接地电阻值指的是用接地电阻测试仪进行测试时仪表所显示数值（通常是指在小于5m的情况下），当G极连接线需要加长时，应将实测接地电阻值减去加长线阻值后填入表格，加长线阻值应用接地电表二极法测试后取得。

（十）检测员、校核人一栏按实际情况签名，受检单位安全负责人由委托单位安全负责人签名。

（十一）其他需要说明事项填入“备注”栏。

四、电源电涌保护器（SPD）检测记录制作要求和注意事项

（一）检测编号采用“市县简码＋年份＋三位顺序号”形式进行编排，如有不同组同时检测，可按组别（A组、B组等）进行区分，第一组可编为“市县简码＋年份＋A＋三位顺序号”、第二组编为“市县简码＋年份＋B＋三位顺序号”等，参见附录三表一。

（二）检测点编号内从阿拉伯数字“1”开始编号，按顺序填入。

（三）级别一栏按安装位置级别填写“一”“二”“三”表示第一级、第二级、第三级。

（四）安装位置填写配电箱的编号或配电箱的安装位置，如“一楼总配电箱”“二楼机房配电箱”。

（五）产品型号填电涌保护器铭牌上所标示的型号。

（六）连接导线一栏，长度填连接线的实际测量长度，色标填“L－黄”“L－绿”、

"L—红""N—蓝""PE—黄绿"，分别表示火线（黄色）、火线（绿色）、火线（红色）、零线（蓝色）、地线（黄绿双色），材料填"BV""BVR"，表示聚氯乙烯单股铜芯绝缘电线和聚氯乙烯铜芯多股绝缘软线。截面填导线的横截面积，单位为"mm^2"。

（七）状态指示器一栏填"正常"或"失效"，确认状态指示应与生产厂说明相一致。

（八）过电流保护一栏填"有"或"无"，指的是电涌保护器前端是否安装有熔断器或空气开关。

（九）在线运行温度指的是用电涌保护器在线运行温度检测仪测量 SPD 的表面温度，对同一 SPD 进行三个不同位置的测量，取其平均值填入本栏。在线 SPD 的表面温度不应大于 120℃，脱离器动作后 5 分钟的表面温度不应大于 80℃。

（十）绝缘电阻指的是用绝缘电阻测试仪（兆欧表）测量电涌保护器金属接线柱与塑料外壳之间的绝缘电阻时所显示的数值，读入后直接填入，其值不小于 50MΩ。

（十一）U_c 检查值、U_p 检查值、I_n 检查值直接从电涌保护器铭牌上读取。

（十二）I_{ie} 测试值是在测试前取下可插拔式 SPD 的模块或将线路上两端连线拆除，用防雷元件测试仪或泄漏电流测试表测试 SPD 的 I_e 值，将测试结果填入本栏。实测值应小于生产厂标称最大值，若生产厂未标定，其值不应大于 20μA。

（十三）U_{1mA} 测试值是在测试前取下可插拔式 SPD 的模块或将线路上两端连线拆除，用防雷元件测试仪测试 SPD 的 U_{1mA} 值，将测试结果填入本栏。其值不应低于在交流电路中 U_0 值 1.86 倍，在直流电路中为直流电压 1.33～1.6 倍，在脉冲电路中为脉冲初始峰值电压 1.4～2.0 倍，也可与生产厂提供的允许公差范围表对比判定。

（十四）工频接地电阻值指的是用接地电阻测试仪进行测试时仪表所显示数值（通常是指在小于 5m 的情况下），当 G 极连接线需要加长时，应将实测接地电阻值减去加长线阻值后填入表格，加长线阻值应用接地电表二极法测试后取得。

（十五）检测员、校核人一栏按实际情况签名，受检单位安全负责人由委托单位安全负责人签名。

（十六）其他需要说明事项填入"备注"栏。

五、信号电涌保护器（SPD）检测记录制作要求和注意事项

（一）检测编号采用"市县简码＋年份＋三位顺序号"形式进行编排，如有不同组同时检测，可按组别（A 组、B 组等）进行区分，第一组可以编为"市县简码＋年份＋A＋三位顺序号"、第二组编为"市县简码＋年份＋B＋三位顺序号"等，参见附录三表一。

（二）检测点编号内从阿拉伯数字"1"开始编号，按顺序填入。

（三）级别一栏只填写"一"，表示一级。

（四）安装位置填写信号 SPD 的安装位置，如“光纤收发器前端”“服务器网卡端口”等。

（五）产品型号填电涌保护器铭牌上所标示的型号。

（六）连接导线一栏，长度填地线的实际测量长度，色标填“PE-黄绿”，表示地线（黄绿双色），材料填“BVR”，表聚氯乙烯铜芯多股绝缘软线。截面填导线的横截面积，单位为“mm^2”。

（七）外观检查填“良好”或“污损”。

（八）绝缘电阻指的是用绝缘电阻测试仪（兆欧表）测量电涌保护器接线柱与塑料外壳之间的绝缘电阻时所显示的数值，读入后直接填入，其值不小于 50MΩ。

（九）线路对数指的是信号 SPD 所保护的双绞线对，如“1，2，3，6”“3，6”等。

（十）标称频率范围检查值、U_c 检查值、U_p 检查值、I_n 检查值、插入损耗检查值直接从电涌保护器说明书上读取。

（十一）U_{1mA} 测试值是在测试前取下可插拔式 SPD 的模块或将线路上两端连线拆除，用防雷元件测试仪测试 SPD 的 U_{1mA} 值，将测试结果填入本栏。其值不应低于在交流电路中 U_0 值 1.86 倍，在直流电路中为直流电压 1.33～1.6 倍，在脉冲电路中为脉冲初始峰值电压 1.4～2.0 倍，也可与生产厂提供的允许公差范围表对比判定。

（十二）过渡电阻指的是用过渡电阻测试仪（毫欧表）测量电涌保护器接地端与等电位连接排时所显示的数值。

（十三）工频接地电阻值指的是用接地电阻测试仪进行测试时仪表所显示数值（通常是指在小于 5m 的情况下），当 G 极连接线需要加长时，应将实测接地电阻值减去加长线阻值后填入表格，加长线阻值应用接地电表二极法测试后取得。

（十四）检测员、校核人一栏按实际情况签名，受检单位安全负责人由委托单位安全负责人签名。

（十五）其他需要说明事项填入“备注”栏。

第四节　防雷装置整改意见书

制作要求和注意事项

1.“鲁（　）雷（改）字［　　］　　号”中第一个括号填市县名称缩写（参见附录三表一），中括号内填写年份，随后空格处填写三位顺序号。

2. 单位填写委托单位全称。

3. 防雷装置存在问题按检测情况逐条列明，如：“办公楼东面引下线接地阻值偏大”、“一楼配电箱 PE 排接地阻值偏大”。

4. 检测单位经办人由检测人签名，盖检测单位公章。

5. 委托单位经办人可以由委托单位现场负责人签字。

6. 该整改意见书一式两份，双方各执一份。

第五节 防雷装置检测报告

检测报告的质量是防雷装置检测技术服务机构检测工作质量优劣的最终体现和集中反映，也是防雷装置检测技术服务机构对受检单位和社会提供的公正性证明的文本，必须认真填写和审核。此文书是必用文书。

一、注意事项

（一）检测报告是检测人员根据现场原始记录数据的处理结果，应完整的填写各栏目，要求数据准确、语言规范、文字简洁、字迹清晰，进行判断的结论准确。除检测人员、复核人和技术负责人可用钢笔或中性笔签名外，其他内容一律不得手工填写。经检测人员和复核人（主检工程师）签名后，交技术负责人审核签发，若系监督检测和仲裁检测的报告，由技术负责人签发，并加盖检测技术服务机构公章。

（二）全部检测数据均使用国家规定的法定计量单位。检测报告不允许涂改。

（三）检测报告一式二份：一份交受检单位，一份自存。无关单位及人员不得列入发放范围。发放时严格履行登记签名手续。

（四）检测报告作为技术资料由保管员负责归档保存，保存期为五年。借阅检测报告必须经技术负责人批准，借阅人不得对检测报告进行复印及抄录。

（五）作为技术争议使用的检测报告可以采用复印件，但复印件必须有单位负责人签名并加盖防雷装置检测技术服务机构公章。

二、制作要求

（一）首页左上角为检测单位获取的计量认证编号。

（二）“鲁（ ）雷（检）字［ ］ 号”中第一个括号填市县名称缩写（参见附录三表一），中括号内填写年份，随后空格处填写三位顺序号。

（三）检测性质一栏中检测周期为 12 个月的建筑物则填写“委托检测”，检测周期为 6 个月的建筑物则填写“周期检测”。

（四）委托单位、地址、邮编、联系电话、联系人按照《防雷装置年度安全检测申报表》内项目对应填写。

（五）天气状况、地面状况、检测仪器、检测日期按照《防雷装置安全检测原始记录》检测信息汇总页内所填项目对应填写。

（六）存在问题及整改意见是在向委托单位出具不合格报告时填写，按照《防雷装置整改意见书》所列条目填入。

（七）检测结论一栏中如实填写，如仅检测直击雷项目，则填写“防直击雷装置所检项目合格”，如仅检测防闪电感应、闪电电涌侵入装置项目，则填写“防闪电感应、闪电电涌侵入装置所检项目合格”。

（八）有效期一栏中的文字可以刻成方形章，盖在首页，使其醒目，提醒委托单位在下一个周期及时报检。

（九）检测报告内容相对于原始记录表中检测内容部分项目有删减，保留部分参照《防雷装置安全检测原始记录》填写，允许值一栏按照《建筑物防雷装置检测技术规范》（GB/T 21431—2015）《建筑物防雷设计规范》（GB 50057—2010）《建筑物电子信息系统防雷技术规范》（GB 50343—2012）《建筑物防雷装置施工与验收规范》（DB 37/1228—2009）等相关条文填写。

防雷装置年度安全检测申报表示例

防雷装置年度安全检测申报表

<table>
<tr><td>申报单位(公章)</td><td colspan="4"></td><td>经办人</td><td></td></tr>
<tr><td>单位地址</td><td colspan="4"></td><td>邮政编码</td><td></td></tr>
<tr><td>联系部门</td><td colspan="2"></td><td>联系人</td><td></td><td>联系电话</td><td></td></tr>
<tr><td colspan="7">单位概况</td></tr>
<tr><td colspan="2">建筑物使用用途</td><td colspan="5">办公楼□厂房□加油加气站□仓库□一般性建筑□其他□____</td></tr>
<tr><td colspan="2">建筑物数量</td><td></td><td>电源情况</td><td colspan="3">架空进线□　自设配电室□　埋地进线□</td></tr>
<tr><td colspan="2">是否安装有电涌保护器</td><td colspan="5">是 □　　否 □</td></tr>
<tr><td colspan="2">是否存在易燃易爆场所</td><td colspan="5">是 □　　否 □</td></tr>
<tr><td colspan="2">是否存在电子信息机房</td><td colspan="5">是 □　　否 □</td></tr>
<tr><td colspan="2">机房数量(如没有填无)</td><td colspan="5"></td></tr>
<tr><td colspan="2">上次检测日期</td><td colspan="5">年　月　日</td></tr>
<tr><td colspan="2">本次预检日期</td><td colspan="5">年　月　日</td></tr>
<tr><td>防雷装置检测资质单位受理意见</td><td colspan="6">承办人:
受理单位(盖章):
年　月　日</td></tr>
</table>

防雷装置检测协议书示例

No：

防雷装置检测协议书

甲方：

乙方：

根据《中华人民共和国合同法》及其他有关法律、法规，遵循平等、自愿、公平和诚实信用的原则，双方达成如下协议。

一、甲方委托检测项目

____

二、甲方责任

（一）负责提供防雷装置设计图纸以及有关资料并安排有关人员配合检测工作。

（二）根据乙方提出的整改意见及时认真整改。

（三）按要求整改完毕后，向乙方提出复检要求。

三、乙方责任

（一）按照《建筑物防雷装置检测技术规范》（GB/T 21431—2015）《建筑物防雷设计规范》（GB 50057—2010）和《建筑物电子信息系统防雷技术规范》（GB 50343—2012）等标准对本协议第一款中的防雷装置进行检测。

（二）对防雷装置存在的问题提出整改意见。

（三）在收到甲方复检要求后5个工作日内进行复检。

（四）在检测完毕后5个工作日内出具防雷装置检测报告。

四、服务收费及结算办法

依据________，经双方协商，本项防雷装置检测服务收费为人民币（大写）______________________元（￥__________）整，在出具检测报告之日甲方一次性给付乙方。

五、违约责任

（一）甲方未按时向乙方支付检测服务费，每延迟一天，甲方应向乙方支付检测服务费总额5‰的违约金。

（二）因乙方原因未按时向甲方出具防雷装置检测报告，每延迟一天乙方应向甲方支付检测服务费总额5‰的违约金。

六、未尽事宜双方协商解决，可签订补充协议，补充协议与本协议具有同等法律效力。协议发生争议时，双方应协商解决，协商不成的，可向有关机构申请仲裁或向人民法院提起诉讼。

七、本协议一式肆份，甲方各执两份。经双方签字盖章后生效。

甲　　方：	乙　　方：
（公　章）	（公　章）
地　　址：	地　　址：
代表人　：	代表人：
电　　话：	电　　话：
传　　真：	传　　真：
开户银行：	开户银行：
账　　号：	账　　号：
邮政编码：	邮政编码：
日　　期：　　年　　月　　日	日　　期：　　年　　月　　日

检测信息汇总页示例

防雷装置安全检测原始记录

（检测信息汇总页）

委托单位		联　系　人	
单位地址		联系电话	
邮　　编		检测日期	
天气状况	晴□多云□阴□	地面状况	干燥□　潮湿□
防雷类别		委托协议编号	
序　号	仪器名称	仪器型号	仪器编号
1			
2			
3			
4			
5			
6			
7			
8			
9			

防直击雷装置记录表示例

防雷装置安全检测原始记录

（防直击雷装置）

检测编号：　　　　　　　　　　　　　　　　　　　　　　　　　　第　页　共　页

<table>
<tr><td>接地装置</td><td>接地类型</td><td colspan="2">自然□人工□混合□</td><td>地网型式</td><td colspan="2">A 型□　B 型□</td></tr>
<tr><td rowspan="2">防侧击雷装置</td><td>均压环类型</td><td colspan="2">自然□　人工□</td><td>均压环间距(m)</td><td colspan="2"></td></tr>
<tr><td colspan="2">幕墙、钢构架和主钢筋是否可靠连接</td><td>是□　否□</td><td colspan="2">外墙栏杆、金属门窗和主钢筋是否可靠连接</td><td>是□　否□</td></tr>
</table>

<table>
<tr><td rowspan="2">检测点名称</td><td colspan="4">接闪器</td><td colspan="4">引下线</td><td>工频接地电阻</td><td rowspan="2">备注</td></tr>
<tr><td>架设高度(m)</td><td>形状</td><td>材料</td><td>规格(mm)</td><td>材料</td><td>敷设方式</td><td>间距(m)</td><td>规格(mm)</td><td>实测值(Ω)</td></tr>
<tr><td></td><td></td><td></td><td></td><td></td><td></td><td></td><td></td><td></td><td></td><td></td></tr>
<tr><td></td><td></td><td></td><td></td><td></td><td></td><td></td><td></td><td></td><td></td><td></td></tr>
<tr><td></td><td></td><td></td><td></td><td></td><td></td><td></td><td></td><td></td><td></td><td></td></tr>
<tr><td></td><td></td><td></td><td></td><td></td><td></td><td></td><td></td><td></td><td></td><td></td></tr>
<tr><td></td><td></td><td></td><td></td><td></td><td></td><td></td><td></td><td></td><td></td><td></td></tr>
<tr><td></td><td></td><td></td><td></td><td></td><td></td><td></td><td></td><td></td><td></td><td></td></tr>
<tr><td></td><td></td><td></td><td></td><td></td><td></td><td></td><td></td><td></td><td></td><td></td></tr>
<tr><td></td><td></td><td></td><td></td><td></td><td></td><td></td><td></td><td></td><td></td><td></td></tr>
<tr><td></td><td></td><td></td><td></td><td></td><td></td><td></td><td></td><td></td><td></td><td></td></tr>
<tr><td></td><td></td><td></td><td></td><td></td><td></td><td></td><td></td><td></td><td></td><td></td></tr>
<tr><td></td><td></td><td></td><td></td><td></td><td></td><td></td><td></td><td></td><td></td><td></td></tr>
<tr><td></td><td></td><td></td><td></td><td></td><td></td><td></td><td></td><td></td><td></td><td></td></tr>
<tr><td></td><td></td><td></td><td></td><td></td><td></td><td></td><td></td><td></td><td></td><td></td></tr>
<tr><td></td><td></td><td></td><td></td><td></td><td></td><td></td><td></td><td></td><td></td><td></td></tr>
<tr><td></td><td></td><td></td><td></td><td></td><td></td><td></td><td></td><td></td><td></td><td></td></tr>
<tr><td></td><td></td><td></td><td></td><td></td><td></td><td></td><td></td><td></td><td></td><td></td></tr>
<tr><td></td><td></td><td></td><td></td><td></td><td></td><td></td><td></td><td></td><td></td><td></td></tr>
</table>

检测员：　　　　　　　　　　　　　　校核人：　　　　　　　　　　受检单位安全负责人：

第　页　共　页

检测点名称	接闪器				引下线				工频接地电阻	备注
	架设高度（m）	形状	材料	规格（mm）	材料	敷设方式	间距（m）	规格（mm）	实测值（Ω）	

检测员：　　　　　　　　　　　　　　校核人：　　　　　　　　受检单位安全负责人：

防闪电感应、闪电电涌侵入装置记录示例

防雷装置安全检测原始记录

（防闪电感应、闪电电涌侵入装置）

检测编号：　　　　　　　　　　　　　　　　　　　　　第　页　共　页

检测点名称	金属物（设备）名称	外观检查	连接导体		跨接状况	敷设净距（m）	过渡电阻（Ω）	接地电阻（Ω）	备注
			材料	规格					

检测员：　　　　　　　　　　　　　　校核人：　　　　　　　　受检单位安全负责人：

第　页　共　页

检测点名称	金属物(设备)名称	外观检查	连接导体		跨接状况	敷设净距(m)	过渡电阻(Ω)	接地电阻(Ω)	备注
			材料	规格					

检测员：　　　　　　　　校核人：　　　　　　　　受检单位安全负责人：

电源 SPD 检测记录示例

防雷装置安全检测原始记录

（电源 SPD 检测）

检测编号：　　　　　　　　　　　　　　　　　　　　　　　　　　　第　页　共　页

检测点编号	级别	安装位置	产品型号	连接导线				状态指示器	过电流保护	在线运行温度（℃）	绝缘电阻（Ω）	U_c检查值（V）	U_p检查值（KV）	I_n检查值（KA）	I_{ie}测试值（μA）	U_{1mA}测试值（V）	接地电阻（Ω）	备注
				长度（m）	色标	材料	截面（mm^2）											

检测员：　　　　　　　　　　　　　校核人：　　　　　　　　　　　　受检单位安全负责人：

第 页 共 页

检测点编号	级别	安装位置	产品型号	连接导线				状态指示器	过电流保护	在线运行温度(℃)	绝缘电阻(Ω)	U_c检查值(V)	U_p检查值(KV)	I_n检查值(KA)	I_{ie}测试值(μA)	U_{1mA}测试值(V)	接地电阻(Ω)	备注
				长度(m)	色标	材料	截面(mm^2)											

检测员：　　　　　　校核人：　　　　　　受检单位安全负责人：

信号 SPD 检测记录示例

防雷装置安全检测原始记录

（信号 SPD 检测）

检测编号：　　　　　　　　　　　　　　　　　　　　　　　　　　　　　第　页　共　页

检测点编号	级别	安装位置	产品型号	连接导线				外观检查	绝缘电阻（Ω）	线路对数	标称频率范围检查值（Hz）	U_c检查值（V）	U_p检查值（KV）	I_n检查值（KA）	插入损耗检查值（dB）	U_{1mA}测试值（V）	过渡电阻（Ω）	接地电阻（Ω）	备注
				长度（m）	色标	材料	截面（mm^2）												

检测员：　　　　　　　　　　　　　　　　　校核人：　　　　　　　　　　受检单位安全负责人：

第 页 共 页

检测点编号	级别	安装位置	产品型号	连接导线				外观检查	绝缘电阻(Ω)	线路对数	标称频率范围检查值(Hz)	U_c检查值(V)	U_p检查值(KV)	I_n检查值(KA)	插入损耗检查值(dB)	U_{1mA}测试值(V)	过渡电阻(Ω)	接地电阻(Ω)	备注
				长度(m)	色标	材料	截面(mm^2)												

检测员： 校核人： 受检单位安全负责人：

防雷装置整改意见书示例

防雷装置整改意见书

鲁（　）雷（改）字［　　］　　号

____________________________（单位）：

经检测你单位：_______________________防雷装置存在下列问题：

上述问题，限于______年______月______日前整改，并将整改情况报防雷装置检测单位。逾期不改，将上报气象主管机构按照《山东省气象灾害防御条例》和《防雷减灾管理办法》等有关法律法规进行处理。

检测单位经办人：

（公章）

年　　月　　日

委托单位经办人：

防雷装置检测报告示例

计量认证证书编号

防　雷　装　置

检　测　报　告

鲁（　）雷（检）字［　　］　　号

委托单位＿＿＿＿＿＿＿＿＿＿＿＿＿＿＿＿

防雷类别＿＿＿＿＿＿＿＿＿＿＿＿＿＿＿＿

检测性质＿＿＿＿＿＿＿＿＿＿＿＿＿＿＿＿

检测单位＿＿＿＿＿＿＿＿＿＿＿＿＿＿＿＿

说　明

1. 本报告用蓝、黑钢笔填写或打印，要求字迹清晰、语言规范、文字简洁、签名齐全、数据准确，使用国家法定计量单位。

2. 本报告一式二份，委托单位和检测单位各执一份。

3. 报告未盖检测单位检测专用章无效。

4. 报告无检测人、校核人、批准人签字无效。

5. 报告涂改无效。

6. 报告复印未加盖检测单位公章无效。

7. 本检测结果仅对所检测部位有效。

8. 委托单位对本检测报告若有异议，应于收到报告之日起十五日内以书面形式向检测单位提出，逾期不予受理。

检测单位地址：
邮　　　　编：
电　　　　话：

检　测　报　告

第　页　共　页

<table>
<tr><td colspan="2">委托单位</td><td colspan="3"></td></tr>
<tr><td colspan="2">地　址</td><td></td><td>邮　编</td><td></td></tr>
<tr><td colspan="2">联系电话(传真)</td><td></td><td>联系人</td><td></td></tr>
<tr><td colspan="2">天气状况</td><td></td><td>地面状况</td><td></td></tr>
<tr><td colspan="2">检测仪器</td><td colspan="3"></td></tr>
<tr><td colspan="2">检测日期</td><td colspan="3"></td></tr>
<tr><td>检测依据</td><td colspan="4">《建筑物防雷装置检测技术规范》(GB/T 21431—2015)《建筑物防雷设计规范》(GB 50057—2010)《建筑物电子信息系统防雷技术规范》(GB 50343—2012)《建筑物防雷装置施工与验收规范》(DB 37/1228—2009)等国家标准及山东省地方标准。</td></tr>
<tr><td>存在问题及整改意见</td><td colspan="4"></td></tr>
<tr><td>检测结论</td><td colspan="4"></td></tr>
<tr><td colspan="2">有效期</td><td colspan="3">年　月　日—　　年　月　日</td></tr>
</table>

检测人：　　　　　　　　校核人：　　　　　　　　批准人：

（检测单位盖章处）

年　　月　　日

检测点名称	防直击雷												结论	备注
	接闪器					引下线					工频接地电阻			
	架设高度(m)	形状	材料	规格(mm)		材料	敷设方式	间距	规格(mm)		允许值(Ω)	实测值(Ω)		
				允许值	实测值				允许值	实测值				

检测点名称	防雷电感应、防雷电波侵入													
	金属物名称	外观检查	连接导体			跨接状况	敷设净距(m)		过渡电阻(Ω)		接地电阻(Ω)		结论	备注
			材料	规格			允许值	实测值	允许值	实测值	允许值	实测值		
				允许值	实测值									

第　页　共　页

电源 SPD 检测															
检测点编号	安装位置	产品型号	连接导线					I_{ie}测试值（μA）		U_{1mA}测试值（V）		接地电阻（Ω）		结论	备注
			长度（m）	截面（mm^2）		色标	材料	允许值	实测值	允许值	实测值	允许值	实测值		
				允许值	实测值										

第 页 共 页

信号 SPD 检测															
检测点编号	安装位置	产品型号	连接导线					U_{1mA} 测试值（V）		过渡电阻（Ω）		接地电阻（Ω）		结论	备注
			长度（m）	截面（mm^2）		色标	材料	允许值	实测值	允许值	实测值	允许值	实测值		
				允许值	实测值										

此报告一式二份，每份共　页，
一份存委托单位；
一份存检测单位。

第三章　防雷装置设计技术评价及竣工验收文书制作要求和样本

第一节　防雷装置设计技术评价及竣工验收申请书

防雷装置设计技术评价是指经主管机构委托的防雷技术服务机构委托的防雷技术服务机构，根据国家法律、法规，技术标准与规范，对设计单位所做的防雷设计施工图或方案，就安全性、有效性、稳定性和强制性标准，规范执行情况等进行的技术评价。委托单位必须提供符合国家有关技术规范标准的图纸、技术文件进行审查。此文书是必用文书。

一、相关技术要求

审查防雷装置施工图设计是否符合气象主管机构规定的使用要求和国家有关技术规范标准。须提交以下资料：

（一）建筑物基础防雷平面图

1. 桩的利用系数：要求不少于50%即1/2的桩。

2. 钢筋利用情况：即每个柱的二条主筋。

3. 防雷网格的设置：依据《建筑物防雷设计规范》（GB 50057—2010）“6 防雷击电磁脉冲”格栅形大空间屏蔽设置，网格大小依据天面防雷网格的大小定。

4. 接地系统的设计

A. 接地电阻值的设计：按照建筑物防雷分类及接地装置的形式确定；

B. 安全距离的计算：依据《建筑物防雷设计规范》（GB 50057—2010）“6.3 屏蔽、接地和等电位连接的要求”计算，否则必须采取等电位联接等其他措施；

C. 接地干线、接地预留端子、接地母线（线径大小、截面积大小、材料等）、接地电阻测试端子的预留。

5. 引下线的数量、间距、布置。

（二）建筑物屋面防雷平面图：

1. 接闪带、接闪网格的设置、所用材料、敷设方式；

2. 接闪网格的尺寸；

3. 接闪短杆的安置位置；

4. 突出天面金属物体的接地情况；

5. 安全距离。

（三）建筑物首层均压环的设置：因为雷电流经引下线泄流入地时，要在±0.0m处均匀的泄入大地，这时候要求在建筑物首层作防雷均压环。

（四）弱电SPD设计示意图：要求在电气施工图中设计到，在系统图中设计到。

（五）建筑物防雷大样图：基础、均压环、天面、玻璃幕墙、室内等电位防雷大样图。

二、制作要求

（一）本申请书最后一栏由防雷技术服务机构填写，其他部分由建设单位填写。

（二）建设单位应填写建设单位（业主）的全称，并加盖公章。

（三）建设项目名称应与规划许可一致。

（四）如实填写建设项目的相关信息（如项目地址、预计开工时间等）。

（五）结构类型填写：

A. 砖木；B. 混合；C. 钢筋混凝土；D. 钢结构。

（六）使用性质填写：A. 工业建筑；B. 民用建筑。

（七）工程概况一栏请简要介绍工程设计情况，如：本工程为三期16#楼，结构形式：框架剪力墙结构，现浇混凝土楼板。地下储藏室，层高为2.8m，主要有贮藏间、电气、设备用房；地上十一层，为住宅；屋顶设有电梯机房；建筑主体高度33.7m，总建筑面积10199.96m^2。本工程属于二类普通高层住宅建筑。本工程接地形式采用TN-C-S系统，中性线在电源进户处做重复接地处理，重复接地后PE线与N线严格分开。本工程防雷类别为三类，防雷接地、电气设备的保护接地共用统一的接地极，要求接地电阻不大于1Ω。

（八）防雷工程专业设计需填写设计单位资质证和设计人员资格证编号。

（九）有易燃易爆品和化学危险品或电子信息系统的，尚应填写相应栏。

（十）办理结果一栏应加盖防雷技术服务机构公章。

（十一）可根据业务需要选择建设项目防雷装置设计技术评价及竣工验收申请书种类。详见建设项目防雷装置设计技术评价申请书系列、建设项目防雷装置竣工验收申请书示例。

第二节 防雷装置设计技术评价及竣工验收协议书

签订防雷装置设计技术评价及验收协议。协议的内容要甲方、乙方双方商定，要符合《中华人民共和国合同法》等有关法律法规要求，明确双方的责、权、利。

此文书是必用文书。

填写要求及注意事项

1. 协议书编号格式为“市县简码＋工作性质简码＋年份＋三位顺序号”，如泰安设计技术评价协议为“SDTASJPJ 2016010”；泰安验收协议为“SDTAYS2016010”，参见附录三。

2. 甲方（建设单位）处应填写建设单位（业主）的全称。

3. 乙方（防雷技术服务机构）处应填写防雷技术服务机构的全称。

4. 建设项目名称、工程名称应与规划许可一致。

5. 如实填写建设项目的相关信息（建筑面积、建设地点等）。

6. 协议书附件为建设项目防雷装置隐蔽工程分段检测程序，如为竣工验收，协议书中可不包含该附件。

7. 协议书加盖双方公章，代表人（法定代表人或委托代理人）签字后生效。日期填写签约日期。

第三节 防雷装置设计技术评价资料补正通知

收到防雷装置设计技术评价资料审查申请后，首先进行形式申请书件审查（图纸、技术文件等资料是否齐全、填写是否规范、签字/印章是否缺少）及必要的说明的审查。对于申请手续基本齐备或者申请文件基本符合规定，但是需要补正的，出具《防雷装置设计技术评价资料补正通知》。此文书是必用文书。

填写要求及注意事项

1. “项目编号：鲁（ ）雷（评）补字［ ］第 号”中第一个括号填市县名称缩写（参见附录三表一），第二个括号内填写年份，随后填写三位顺序号。

2. 建设单位处应填写建设单位（业主）的全称。

3. 建设项目名称应与规划许可一致。

4. 通知末尾加盖“技术评价单位公章”或“技术评价单位技术评价专用章”。日期填写出具防雷装置设计技术评价资料补正通知日期。

第四节 防雷装置设计修改意见书

提交图纸和技术文件等资料基本齐备或者申请文件基本符合规定，但防雷装置（初步设计＼施工图设计）资料不符合标准、规范等技术规定，须对资料进行修改。此文书是必用文书。

填写要求及注意事项

1.“项目编号：鲁（　）雷（评）改字［　　］第　　号”中第一个括号填市县名称缩写（参见附录三表一），第二个括号内填写年份，随后填写三位顺序号。

2. 建设单位处应填写建设单位（业主）的全称。

3. 建设项目名称应与规划许可一致。

4. 整改意见书末尾加盖“技术评价单位公章”或“技术评价单位技术评价专用章”。日期填写出具整改意见书日期。

第五节　防雷装置设计技术评价意见书

根据《中华人民共和国气象法》等法律法规和《建筑物防雷设计规范》（GB 50057—2010）、《建筑物电子信息系统防雷技术规范》（GB 50343—2012）、《建筑物防雷装置施工与验收规范》（DB 37/1228—2009）等现行防雷规范开展防雷装置设计技术评价，出具技术文书。此文书是必用文书。

填写要求及注意事项

1. 项目编号由：“鲁（　）雷（评）字［　　］　　号”中第一个括号填市县名称缩写（参见附录三表一），中括号内填写年份，随后填写三位顺序号。

2. 建设单位栏应填写建设单位（业主）的全称。

3. 建设项目名称应与规划许可一致。

4. 设计单位栏应填写设计单位的全称。

5. 按照设计图纸如实填写建设项目的相关信息（幢数、建筑高度、建筑面积、防雷类别、接地形式、接地阻值）。

6. 技术评价内容栏技术评价内容为一项或几项，如设计内容存在问题则为“……不符合国家现行规范标准。”如设计内容不存在问题，则为“……符合国家现行规范标准。”

7. 评价意见栏，如以上技术评价内容全部符合国家现行规范标准，则评价意见为“施工图设计符合国家现行规范标准。”如以上技术评价内容有一处不符合国家现行规范标准，则评价意见为“施工图设计不符合国家现行规范标准。”

8. 评价意见栏技术评价人员签字，并加盖“技术评价单位公章”或“技术评价单位技术评价专用章”。

9. 日期填写出具防雷装置设计技术评价意见书日期。

第六节　新建项目原始记录表

填写要求及注意事项

新建项目原始记录表包括新建项目基本情况、接地装置检测、引下线检测、接闪器验收、防侧击雷措施验收、幕墙防雷验收、防雷击电磁脉冲验收、电涌保护器验收等记录表，用于防雷装置跟踪验收。此文书是必用文书。

1. 原始记录的内容包括：建设项目名称、地址、建设单位、设计单位、监理单位、施工单位基本情况，接地装置、引下线、接闪器、防侧击雷措施、幕墙防雷、防雷击电磁脉冲、电涌保护器检测结果，检测仪器设备名称、型号，检测过程中所出现的现象的观察记录，检测原始记录的计算及数据处理结果，验收意见，监理、施工方、建设单位等相关人员、检测人员和校核人员签字等内容。

2. 原始记录必须用蓝、黑钢笔或中性笔填写，原始记录中对每次检测中的可变因素，要求手工填写，不允许打印。

3. 检测单位主管部门统一编制的新建项目原始记录表，检测人员在检测过程中必须按上述内容书写，字迹清晰，易于辨认。

4. 检测记录如有错误，应在错误处划两条横线，在其右上方写下正确数据并加盖检测员名章确认，不允许随意涂改和删减原始记录，也不允许在其他纸张上记录后再重新抄写。

5. 原始记录必须经校核人审查无误后，签字确认。

6. 原始记录必须经现场检测人员、校核人、受检单位负责人签字后，送交档案室存档保存。

7. 原始记录在档案室存档保存三年。

8. 新建项目原始记录表1—12填写说明和数据要求及判定标准填写参见附录一。

第七节　新建项目防雷装置（检测）验收报告

一、封面填写说明及注意事项

（一）左上角为检测单位获取的计量认证编号，加盖“计量认证章”。

（二）报告编号为“鲁（　）雷（验）字［　　］　号”，第一个括号填市县名称缩写（参见附录三表一），中括号内填写年份，随后填写三位顺序号。

（三）建设单位处应填写建设单位（业主）的全称。

（四）防雷类别：一类、二类、三类。

（五）检测性质：委托检测。

（六）检测单位处加盖检测单位公章。

二、新建项目防雷装置检测报告

（一）建设项目名称及工程名称：如“×××小区1号住宅楼”，则项目名称为“×××小区”，工程名称为“1号住宅楼”。

（二）建设单位处应填写建设单位（业主）的全称。

（三）根据设计要求如实填写建筑面积、高度、防雷类别、接地形式、接地电阻。

（四）使用性质：A. 民用建筑；B. 工业建筑。

（五）检测结论一栏中如实填写，如验收合格，则结论为：“所验项目防雷装置符合现行国家防雷规范标准要求”。如有某一项不合格，则结论为：“所验项目防雷装置不符合现行国家防雷规范标准要求”。

（六）报告应有检测、校核、批准人签字有效。

（七）检测单位盖章处加盖“检测单位公章”或“检测单位验收专用章”。

三、新建项目防雷装置检测报告表一（接地装置检测）

序号	验收项目/内容	依据	填写说明和数据要求
1	接地装置形式	根据DB37/1228—2009第5.1.1条规定	根据实际情况填写：A型地；B型地、接地板。
2	基础类型	根据DB37/1228—2009第5.2条规定	桩基础、板式基础、箱形基础、钢柱型钢筋混凝土基础、杯口型钢筋混凝土基础等。
3	桩筋直径	根据GB50057－1994第3.3.5条、第3.3.6 条和第3.4.3规定	填写桩主筋的直径，单位：mm。例：螺纹钢φ20，圆钢φ18。
4	桩筋利用数	根据GB50057－1994第3.3.5条第四款及第3.3.6条第三款3.4.3条第一款	填写单桩实际被用作基础接地体的主筋数量，一般为4条，最少不少于2条。
5	桩间距	根据DB37/1228—2009第5.2.2.6条规定	填写桩间距，单位：m。用做接地体的桩间距宜大于5m。当桩比较密集且基础较小时可不受此限制。
6	桩利用系数	根据GB50057－1994第3.3.5条、第3.3.6条和第3.4.3规定	新建建筑物桩数利用系数a＝用作接地体的桩数/建筑物总桩数。例如：新建建筑物总桩数共120条，若全部用作接地体，则利用系数为120/120＝1；而只用90条桩作接地体，则利用系数为90/120＝0.75；以此类推。

续表

序号	验收项目/内容	依据	填写说明和数据要求
7	承台与桩主筋连接	根据 DB37/1228—2009 第 5.2.2.2 条规定	检查承台与桩焊接质量：桩应有四条主筋，分别有两条与承台配筋上层和下层搭接焊。将检查结果填入本栏。 桩内主筋应至少两根分别与承台内上下层配筋相连接，宜采用焊接，当工程设计要求不允许采用焊接法连接时，可采用螺栓紧固的卡夹器连接。
8	承台与引下线柱主筋连接	根据 DB37/1228—2009 第 5.2.2.3 条规定	检查承台与引下线柱主筋焊接质量：柱内两主筋分别有一条与承台上层相焊接，另一条与承台下层相焊接。将检查结果填入本栏。 利用建筑物承台外圈二根直径不小于 10mm 的承台上层配筋（桩台板板面钢筋）或沿桩台板外圈敷设不小于 25mm×4mm 镀锌扁钢，作为环形接地连接线，环形接地连接线必须与所经过的桩内主筋和用做防雷引下线的构造柱内主筋连接。
9	地梁主筋与引下线柱主筋连接	根据 DB37/1228—2009 第 5.2.2.4 条和第 5.2.2.5 条规定	检查地梁主筋与引下线柱主筋焊接质量：两条引下线主筋要与地梁主筋焊接。保证焊接质量，无交叉。将检查结果填入本栏。 利用地梁内靠外侧（或同方向）的 2 根主筋通长焊接，或者在地梁外侧敷设不小于 25mm×4mm 镀锌扁钢，作为均压环，并与引下线和接地装置相连。构造柱内用做引下线的主筋（至少二根），应分别与承台上下层配筋、地梁内主筋及其桩内主筋电气贯通。
10	地梁间主筋连接	根据 DB37/1228—2009 第 5.2.2.4 条	检查地梁与地梁之间主筋的焊接质量：地梁之间焊接无交叉。连接不少于两根。

四、新建项目防雷装置检测报告表二（引下线检测）

序号	验收项目/内容	依据	填写说明和数据要求
1	引下线类型	根据 DB37/1228—2009 第 6.1 条和第 6.2 条	专用引下线和自然引下线。
2	材料及规格	根据 DB37/1228—2009 第 6.1.1 条和第 6.2.1 条	专用引下线：引下线应采用热镀锌圆钢或热镀锌扁钢，优先采用热镀锌圆钢。圆钢直径不应小于 8mm。扁钢截面不应小于 $48mm^2$，其厚度不应小于 4mm。在腐蚀性较强的场所，尚应加大其截面。 自然引下线：宜利用建筑物构造柱和剪力墙内的纵向主筋或钢柱作为自然引下线。当构造柱内主筋直径不小于 16mm 时，宜利用对角两根钢筋作为一组引下线；当主筋直径不大于 16mm 且不小于 10mm 时，宜利用对角四根钢筋作为一组引下线。

续表

序号	验收项目/内容	依据	填写说明和数据要求
3	敷设方式	根据DB37/1228—2009第6.1.3.2条和第6.1.3.4条	敷设方式:明敷、暗敷。
4	平均间距	根据DB37/1228—2009第6.1.2.2条	单位:m。一类:12m,二类:18m,三类:25m。
5	焊接情况	根据DB37/1228—2009第5.1.2.5条	连接方式:焊接,宜采用放热焊接(热剂焊)。 搭接长度:2D(2倍扁钢宽度)、6d(6倍圆钢直径)。 焊接方法:三面施焊(扁钢与扁钢)、双面施焊(圆钢与圆钢、圆钢与扁钢)。 焊接质量:填写焊接良好或焊接不良(如虚焊、有贯穿性气孔等)。
6	断接卡的设置形式	根据DB37/1228—2009第6.1.3.7条	形式:暗装、明装。
7	距地高度	根据DB37/1228—2009第6.1.3.7条	单位:m。 距地高度:0.3~1.8m。
8	防腐情况	根据DB37/1228—2009第6.1.3.8条	采用涂防腐漆或热镀锌防腐。填写防腐质量:防腐良好或防腐不良。应定期检查其是否锈蚀,如锈蚀超过三分之一时应予以更换。

五、新建项目防雷装置检测报告表三(接闪器的检测)

序号	验收项目/内容	依据	填写说明和数据要求
1	接闪器类型	根据DB37/1228—2009第7.1.1.6条	接闪器应由接闪杆、接闪带、接闪线、接闪网、建筑物自身构件中的一种或多种组成。
2	材料	根据DB37/1228—2009第7.1.2条和7.1.3条	接闪杆宜采用镀锌圆钢或焊接钢管制成;接闪带应采用热镀锌圆钢或热镀锌扁钢,优先采用热镀锌圆钢。
3	规格	根据DB37/1228—2009第7.1.2条和7.1.3条	接闪杆:杆长<1m时:圆钢为φ12;钢管为φ20;杆长1~2m时:圆钢为φ16;钢管为φ25。 接闪带:圆钢直径不应小于8mm。扁钢截面不应小于48mm²,其厚度不应小于4mm。在腐蚀性较强的场所,尚应加大其截面。当利用钢管制作的护栏作为接闪带时,钢管直径不应小于20mm。 接闪网:明敷时,圆钢直径不应小于8mm,扁钢不应小于12mm×4mm;暗敷时,圆钢直径不应小于10mm,扁钢不应小于20mm×4mm。

续表

序号	验收项目/内容	依据	填写说明和数据要求
4	安装高度	根据 DB37/1228—2009 第 7.1.2 条和 7.1.3 条	接闪杆的高度应满足保护建筑物和楼顶设施的要求。 接闪带宜采用固定支架固定，固定支架高度不宜小于 0.10m。
5	与引下线的连接情况	根据 DB37/1228—2009 第 7.1.1.2 条	检查接闪器与引下线焊接质量，将检查结果填入本栏。 接闪器与引下线之间的连接宜采用焊接，当焊接有困难时，可采用螺栓连接，但接触面应热镀锌或垫硬铅垫。接闪器与引下线之间的直流过渡电阻不应大于 0.2Ω。
6	防腐情况		采用涂防腐漆或热镀锌防腐。填写防腐质量：防腐良好或防腐不良。

六、新建项目防雷装置检测报告表四（防侧击雷措施与均压环检测）

序号	验收项目/内容	依据	填写说明和数据要求
1	材料及规格	根据 DB37/1228—2009 第 7.1.6 条	利用建筑物外墙结构圈梁内的两条水平主钢筋连接构成闭合环路作为水平接闪带，或在外墙结构圈梁内敷设一条直径不小于 12mm 镀锌圆钢或不小于 25mm×4mm 镀锌扁钢作为水平接闪带，并与所有防雷引下线相连接。
2	首次设置高度	根据 DB37/1228—2009 第 7.1.6 条	首次设置高度：一、二、三类分别不高于 30m、45m、60m。
3	垂直间距	根据 DB37/1228—2009 第 7.1.6 条	垂直间距：每 3 层或不大于 6m。
4	与引下线的连接情况	根据 DB37/1228—2009 第 7.1.6 条	检查均压环与引下线焊接质量，将检查结果填入本栏。 利用建筑物外墙结构圈梁内的两条水平主钢筋连接构成闭合环路作为水平接闪带，或在外墙结构圈梁内敷设一条直径不小于 12mm 镀锌圆钢或不小于 25mm×4mm 镀锌扁钢作为水平接闪带，并与所有防雷引下线相连接。
5	闭合情况	根据 DB37/1228—2009 第 7.1.2 条	闭合回路或非闭合回路； 利用建筑物外墙结构圈梁内的两条水平主钢筋连接构成闭合环路作为水平接闪带。
6	竖直敷设的金属物与防雷装置的连接情况	根据 DB37/1228—2009 第 7.1.6 条	检查均压环与竖直敷设的金属物的焊接质量，将检查结果填入本栏。 竖直敷设的金属管道及金属物的顶端和底端应分别与防雷装置连接。

七、新建项目防雷装置检测报告表五（防雷电波侵入和屏蔽措施检测）

序号	验收项目/内容	依据	填写说明和数据要求
1	低压电源线路的入户方式		电缆埋地或架空敷设。
2	入户处等电位连接及接地情况	根据 DB37/1228—2009 第 8.1.1 规定	检查入户处等电位连接及接地情况，将检查结果填入本栏。 进出建筑物的电缆在入户处应将电缆的金属外皮、钢管与接地装置连接。对于第一类防雷建筑物，应连接到等电位连接带或防雷电感应的接地装置上；对于第二类和第三类防雷建筑物，应连接到等电位连接带或防雷接地装置上。
3	金属管道入户方式		架空、埋地、地沟。
4	距建筑物 100m 内金属管道接地情况	根据 DB37/1228—2009 第 8.1.5 规定	检查距建筑物 100m 内金属管道接地情况，将检查结果填入本栏。 架空金属管道，尚应在距建筑物 100m 内，每隔 25m 左右接地一次，其冲击接地电阻不应大于 20Ω，并宜利用金属支架或钢筋混凝土支架的焊接、绑扎钢筋网作为引下线，其钢筋混凝土基础宜作为接地装置。
5	线缆屏蔽措施	根据 DB37/1228—2009 第 8.2.2 规定	检查线缆屏蔽措施，将检查结果填入本栏。 电缆的金属线槽或屏蔽电缆的金属屏蔽层应在两端和各防雷区交界处做等电位连接，并保持电气贯通。当系统要求只在一端做等电位连接时，应采用两层屏蔽，外层屏蔽应在两端和各防雷区交界处做等电位连接。
6	设备屏蔽措施	根据 DB37/1228—2009 第 8.2.3 规定	检查设备屏蔽措施，将检查结果填入本栏。 当电子系统设备为非金属外壳，且机房屏蔽未达到设备电磁环境要求时，应设金属屏蔽网或金属屏蔽室。金属屏蔽网或金属屏蔽室应与等电位连接网络连接。

八、新建项目防雷装置检测报告表六（用于电气系统的电涌保护器的检测）

序号	验收项目/内容	依据	填写说明和数据要求
1	安装位置		填写信号 SPD 的安装位置，如“光纤收发器前端”、“服务器端口”等。
2	产品型号		产品型号填电涌保护器铭牌上所标示的型号。
3	外观检查		填“良好”或“污损”。
4	U_C检查值		检查 SPD 所标识的 U_C 值填入本栏，其值应符合 DB37/1228 第 10.2.1.2 条的要求。
5	插入损耗检查值		检查 SPD 的插入损耗，将检查结果填入本栏，其值应满足系统要求。

续表

序号	验收项目/内容	依据	填写说明和数据要求
6	I_n检查值（KA）		检查SPD所标识的I_n值填入本栏，其值应符合DB37/1228第10.2.1.4条的要求。
7	引线长度（mm）		长度填地线的实际测量长度，单位mm。
8	引线规格（mm^2）		单位为mm^2，为引线的截面积。

九、新建项目防雷装置检测报告表七（用于电子系统的电涌保护器的检测）

序号	验收项目/内容	依据	填写说明和数据要求
1	安装位置		填写配电箱的编号或配电箱的安装位置，如“一楼总配电箱”、“二楼机房配电箱”等。
2	产品型号		产品型号填电涌保护器铭牌上所标示的型号。
3	外观检查		填“良好”或“污损”。
4	I_n检查值（KA）		检查SPD所标识的I_n值填入本栏，其值应符合DB37/1228第10.2.1.4条的要求。
5	U_C检查值（V）		检查SPD所标识的U_C值填入本栏，其值应符合DB37/1228第10.2.1.2条的要求。
6	U_P检查值		检查SPD所标识的U_P值填入本栏，其值应符合DB37/1228第10.2.1.3条的要求。
7	引线长度（mm）		SPD两端引线长度之和不大于0.5m，或填写“凯文式接法”。
8	引线规格（mm^2）		单位为mm^2，为引线的截面积。

第八节 防雷装置整改意见书

填写要求及注意事项

1. 项目编号由：“鲁（ ）雷（验）改字［ ］ 号”中第一个括号填市县名称缩写（参见附录三表一），中括号内填写年份，随后填写三位顺序号。

2. 建设单位处应填写建设单位（业主）的全称。

3. 建设项目名称应与规划许可一致。

4. 本整改意见书一式两份，双方各执一份，经双方签字盖章后生效。

5. 整改意见书加盖“验收单位公章”或“验收单位验收专用章”。

6. 日期填写出具整改意见书日期，如实填写。

建设项目防雷装置设计技术评价申请书示例

建设项目防雷装置

设计技术评价

申　请　书

项目名称：________________________________

项目地址：________________________________

建设单位（盖章）：__________________________

申请日期：________________________________

<table>
<tr><td rowspan="5">建设项目</td><td>项目名称</td><td colspan="2"></td><td>预计开工时间</td><td></td></tr>
<tr><td>项目地址</td><td colspan="2"></td><td>预计竣工时间</td><td></td></tr>
<tr><td rowspan="3">建设规模</td><td>建筑单体(栋)</td><td></td><td>总建筑面积(m^2)</td><td></td></tr>
<tr><td>最高建筑高度(m)</td><td></td><td>总占地面积(m^2)</td><td></td></tr>
<tr><td>结构类型</td><td></td><td>使用性质</td><td></td></tr>
<tr><td rowspan="4">建设单位</td><td>名　称</td><td colspan="4"></td></tr>
<tr><td>地　址</td><td colspan="2"></td><td>邮政编码</td><td></td></tr>
<tr><td>联系部门</td><td colspan="2"></td><td>联系电话</td><td></td></tr>
<tr><td>联　系　人</td><td colspan="2"></td><td>手　机</td><td></td></tr>
<tr><td rowspan="4">设计单位</td><td>名　称</td><td colspan="4"></td></tr>
<tr><td>地　址</td><td colspan="2"></td><td>邮政编码</td><td></td></tr>
<tr><td>资质证编号</td><td colspan="2"></td><td>资质等级</td><td></td></tr>
<tr><td>资格证编号</td><td colspan="2"></td><td>联系电话</td><td></td></tr>
</table>

<table>
<tr><td colspan="6">易燃易爆品、化学危险品情况</td></tr>
<tr><td rowspan="2">品　名</td><td colspan="5">数量(吨/年)</td></tr>
<tr><td>生产</td><td>使用</td><td>储存</td><td>运输</td><td>经营</td></tr>
<tr><td></td><td></td><td></td><td></td><td></td><td></td></tr>
<tr><td></td><td></td><td></td><td></td><td></td><td></td></tr>
<tr><td></td><td></td><td></td><td></td><td></td><td></td></tr>
</table>

<table>
<tr><td colspan="2">电子信息系统情况</td></tr>
<tr><td>系统名称</td><td>系统结构及设备配置</td></tr>
<tr><td></td><td></td></tr>
<tr><td></td><td></td></tr>
</table>

<table>
<tr><td>工程概况</td><td>简要介绍工程情况：</td></tr>
</table>

续表

建设单位意见	建设单位(公章): 经办人: 年 月 日
办理结果	防雷技术服务机构(公章): 经办人: 年 月 日
填表说明	1. 本申请书最后一栏由防雷技术服务机构填写,其他部分由建设单位填写。 2. 建设单位应填写建设单位(业主)的全称,并加盖公章。 3. 建设项目名称应与规划许可一致。 4. 结构类型填写: A. 砖木;B. 混合;C. 钢筋混凝土;D. 钢结构。 5. 使用性质填写: A. 民用建筑;B. 工业建筑。 6. 防雷工程专业设计需填写设计单位资质证和设计人员资格证编号。 7. 有易燃易爆品和化学危险品或电子信息系统的,尚应填写相应栏。

建设项目防雷装置竣工验收申请书示例

建设项目防雷装置

竣工验收

申 请 书

项目名称：______________________________

项目地址：______________________________

建设单位（盖章）：______________________

申请日期：______________________________

<table>
<tr><td rowspan="5">建设项目</td><td>项目名称</td><td colspan="2"></td><td>预计开工时间</td><td></td></tr>
<tr><td>项目地址</td><td colspan="2"></td><td>预计竣工时间</td><td></td></tr>
<tr><td rowspan="3">建设规模</td><td>建筑单体(栋)</td><td></td><td>总建筑面积(m^2)</td><td></td></tr>
<tr><td>最高建筑高度(m)</td><td></td><td>总占地面积(m^2)</td><td></td></tr>
<tr><td>结构类型</td><td></td><td>使用性质</td><td></td></tr>
<tr><td rowspan="4">建设单位</td><td>名　称</td><td colspan="4"></td></tr>
<tr><td>地　址</td><td colspan="2"></td><td>邮政编码</td><td></td></tr>
<tr><td>联系部门</td><td colspan="2"></td><td>联系电话</td><td></td></tr>
<tr><td>联　系　人</td><td colspan="2"></td><td>手　机</td><td></td></tr>
<tr><td rowspan="4">设计单位</td><td>名　称</td><td colspan="4"></td></tr>
<tr><td>地　址</td><td colspan="2"></td><td>邮政编码</td><td></td></tr>
<tr><td>资质证编号</td><td colspan="2"></td><td>资质等级</td><td></td></tr>
<tr><td>资格证编号</td><td colspan="2"></td><td>联系电话</td><td></td></tr>
</table>

<table>
<tr><td colspan="6">易燃易爆品、化学危险品情况</td></tr>
<tr><td rowspan="2">品　名</td><td colspan="5">数量(吨/年)</td></tr>
<tr><td>生产</td><td>使用</td><td>储存</td><td>运输</td><td>经营</td></tr>
<tr><td></td><td></td><td></td><td></td><td></td><td></td></tr>
<tr><td></td><td></td><td></td><td></td><td></td><td></td></tr>
<tr><td></td><td></td><td></td><td></td><td></td><td></td></tr>
</table>

<table>
<tr><td colspan="2">电子信息系统情况</td></tr>
<tr><td>系统名称</td><td>系统结构及设备配置</td></tr>
<tr><td></td><td></td></tr>
<tr><td></td><td></td></tr>
</table>

<table>
<tr><td>工程概况</td><td>简要介绍工程情况：</td></tr>
</table>

续表

建设单位意见	建设单位(公章): 经办人:　　　　年　　月　　日
办理结果	防雷技术服务机构(公章): 经办人:　　　　年　　月　　日
填表说明	1. 本申请书最后一栏由防雷技术服务机构填写,其他部分由建设单位填写。 2. 建设单位应填写建设单位(业主)的全称,并加盖公章。 3. 建设项目名称应与规划许可一致。 4. 结构类型填写: A. 砖木;B. 混合;C. 钢筋混凝土;D. 钢结构。 5. 使用性质填写: A. 民用建筑;B. 工业建筑。 6. 防雷工程专业设计需填写设计单位资质证和设计人员资格证编号。 7. 有易燃易爆品和化学危险品或电子信息系统的,尚应填写相应栏。

防雷装置设计技术评价及竣工验收协议书示例

防雷装置设计技术评价及竣工验收协议书

编号：

甲方：

乙方：

根据《中华人民共和国气象法》《气象灾害防御条例》《山东省气象灾害防御条例》《防雷减灾管理办法》《山东省防御和减轻雷电灾害管理规定》等有关法律、法规，为避免和减轻雷电灾害造成的损失，甲方委托乙方对其开发工程项目的防雷设计图纸进行技术评价，对雷电防护装置进行验收检测。

遵循平等、自愿、公平和诚实信用的原则，经双方协商，签订本协议：

一、工程概况

项目名称：________________________

工程名称：________________________

建设地点：________________________

建筑面积：________________________

二、服务内容：

防雷装置设计技术评价及竣工验收检测。

三、服务费用

根据__________规定，经双方协商，甲方申报工程的防雷装置技术评价费用为______元，竣工验收检测费为______元，合计________元整，金额（大写）：________元整。

四、付款方式

在本协议书签订后七日内，甲方支付全部费用。

五、甲方职责

（一）根据规定及工程进度及时申报工程防雷设计图纸技术评价。

（二）接到乙方的技术评价意见书或整改通知书后，应主动协助勘察、设计，并向监理单位、施工单位提出处理方案。

（三）积极配合乙方的防雷设计图纸技术评价和防雷工程施工监督验收检测工作。

（四）按照附件要求，提前一天通知乙方进行跟踪检测。

（五）从事防雷装置安装的单位应按照国家规定取得相应的施工资质。

六、乙方职责

（一）对防雷装置施工图设计文件进行技术评价，并出具技术评价意见。

（二）接到甲方通知后，及时进行跟踪检测。

（三）检测施工单位施工的主要分部、分项工程的防雷装置，对发现的问题及时通知施工单位进行整改。

（四）具有相应的从事防雷装置安全检测的资质。

（五）竣工验收检测后7日内出具防雷装置验收检测报告。

七、本协议未尽事宜，双方协商解决，可签订补充协议，补充协议与本协议具有同等法律效力。协议发生争议时，双方应协商解决，协商不成的，可向有关机构申请仲裁或向双方所在地人民法院提起诉讼。

八、本协议一式肆份，双方各执两份，经双方签字盖章后生效。

九、本协议其他组成部分。

附件：建设项目防雷装置隐蔽工程分段检测程序

甲　　方：	乙　　方：
（公　章）	（公　章）
地　　址：	地　　址：
代 表 人：	代 表 人：
电　　话：	电　　话：
传　　真：	传　　真：
开户银行：	开户银行：
户　　名：	户　　名：
账　　号：	账　　号：
邮政编码：	邮政编码：
日　　期：　　年　　月　　日	日　　期：　　年　　月　　日

附件

建设项目防雷装置隐蔽工程分段检测程序

建设项目在取得开工手续后，工程施工进度在以下环节时，请提前一天通知__________雷电防护技术中心，以便我中心派员进行现场监督、检测。

一、进行基础钢筋绑扎焊接完毕、浇灌前（桩基础则为绑扎完承台、地梁钢筋时）；

二、完成地梁浇注，进行绑扎柱钢筋时；

三、完成柱的浇注，进行首层板筋绑扎时；

四、均压环施工（砌墙到外墙窗底部）或焊接完均压环时；

五、最顶层绑扎板筋，焊接完屋面接闪网格时；

六、焊接完屋面接闪带、接闪杆时；

七、均压环与外墙金属门窗相连接时；

八、完成对大楼玻璃幕墙等大的金属物体的等电位处理时；

九、完成低压配电、供水系统、煤气管道等设施安装时；

十、在安装大楼冷却塔、广告牌等金属物体时。

单位：

地址：

电话：

邮编：

防雷装置设计技术评价资料补正通知示例

防雷装置设计技术评价
资料补正通知

（施工图设计）

项目编号：鲁（　　）雷（评）补字［　　］第　　号

____________________（建设单位）：

你单位报来的______________________（建设项目名称）防雷装置施工图设计资料收悉，资料尚未齐备，请尽快补齐以下打“√”的资料，以便办理设计技术评价手续。

□　设计单位防雷工程专业设计资质证；

□　设计人员防雷工程资格证书；

□　防雷装置设计图纸____套，电子文档____份；

□　经规划部门批准的总平面图____套（原件或复印件，复印件需加盖建设单位公章）；

□　建筑施工图____套，电子文档____份；

□　防雷装置施工图设计说明；

□　结构施工图一套；

□　电气施工图一套；

□　消防施工图一套；

□　煤气管道施工图一套；

□　金属构架大样图；

□　信息系统 SPD 安装图；

□　防雷产品相关资料；

□　其他资料：_____________________________________。

（公章）

年　　月　　日

防雷装置设计修改意见书示例

防雷装置设计修改意见书

项目编号：鲁（ ）雷（评）改字［ ］第 号

__________________（建设单位）：

你单位报来的__________________（建设项目名称）防雷装置（施工图设计）资料，经评价，不符合有关要求，请按以下意见进行修改，再办理《防雷装置设计评价意见书》。修改意见如下：

一、____________________________________

二、____________________________________

三、____________________________________

四、____________________________________

五、____________________________________

六、____________________________________

七、____________________________________

八、____________________________________

如有异议，请致电：

技术评价人：

（公章）

年 月 日

防雷装置设计技术评价意见书示例

防雷装置设计技术评价意见书

项目编号：鲁（　）雷（评）改字［　　］　号

<table>
<tr><td>项目名称</td><td colspan="5"></td></tr>
<tr><td>建设单位</td><td colspan="5"></td></tr>
<tr><td>设计单位</td><td colspan="5"></td></tr>
<tr><td>幢　数</td><td></td><td>建筑面积</td><td>m²</td><td>建筑高度</td><td>m</td></tr>
<tr><td>防雷类别</td><td>类</td><td>接地形式</td><td></td><td>接地阻值</td><td>≤　Ω</td></tr>
<tr><td>评价依据</td><td colspan="5">《中华人民共和国气象法》《山东省气象灾害防御条例》《山东省防御和减轻雷电灾害管理规定》等法律法规和有关文件要求。《建筑物防雷设计规范》(GB 50057—2010)、《建筑物电子信息系统防雷技术规范》(GB 50343—2012)、《建筑物防雷装置施工与验收规范》(DB 37/1228—2009)等国家标准及山东省地方标准。</td></tr>
<tr><td>技术评价内容</td><td colspan="5">(技术评价内容为下列一项或几项)
1. 防雷类别的设计是否符合国家现行规范标准。
2. 设计的接地阻值是否符合国家现行规范标准。
3. 接闪(杆、带、线、网)的设计是否符合国家现行规范标准。
4. 引下线的设计是否符合国家现行规范标准。
5. 防侧击雷的设计是否符合国家现行规范标准。
6. 等电位联接的设计是否符合国家现行规范标准。
7. 接地形式是否符合国家现行规范标准。
8. 电涌保护器(SPD)是否设计及其设计位置是否符合国家现行规范标准。
9. 电涌保护器(SPD)有关技术参数是否符合国家现行规范标准。
10. 与防雷装置相关联专业设计施工图(建筑施工图、结构施工图、电气施工图、设备施工图、玻璃幕墙施工图、金属构架大样图等)有关部位是否符合国家现行规范标准。
11. 其他。</td></tr>
<tr><td>评价意见</td><td colspan="5">施工图设计是否符合国家现行规范标准。
技术评价人：　　　　　　技术评价单位：　(公章)
评价日期：年　　月　　日</td></tr>
</table>

咨询电话：

新建项目原始记录表示例

表 1 新建项目（建筑物）基本情况

第 页 共 页

建设项目			
项目地址			
工程名称			
建设单位			
地址			
联系人		联系电话	
设计单位			
设计人员		联系电话	
监理单位			
监理人员		联系电话	
施工单位			
联系人		联系电话	
开工时间		竣工时间	
防雷类别			
防雷装置设计核准书			
备注			

表 2 接地装置验收原始记录表

(接地装置的检测)

第 页 共 页

<table>
<tr><td>序号</td><td>验收项目/内容</td><td colspan="8">检测结果</td></tr>
<tr><td>1</td><td>基础类型</td><td colspan="3"></td><td colspan="2">是否有防水层</td><td colspan="3"></td></tr>
<tr><td rowspan="3">2</td><td rowspan="3">桩</td><td colspan="2">桩筋直径</td><td></td><td>桩筋利用数</td><td></td><td colspan="2">桩间距</td><td></td></tr>
<tr><td colspan="2">用做接地体桩数</td><td></td><td>桩总数</td><td></td><td colspan="2">桩利用系数</td><td></td></tr>
<tr><td colspan="2">单桩接地电阻</td><td colspan="3"></td><td colspan="2">接地电阻平衡度</td><td></td></tr>
<tr><td rowspan="3">3</td><td rowspan="3">承台</td><td colspan="3">承台与桩主筋连接</td><td colspan="5"></td></tr>
<tr><td colspan="3">承台与引下线柱主筋连接</td><td colspan="5"></td></tr>
<tr><td colspan="3">环形接地连接线</td><td colspan="5"></td></tr>
<tr><td rowspan="3">4</td><td rowspan="3">地梁</td><td colspan="3">地梁主筋与引下线柱主筋连接</td><td colspan="5"></td></tr>
<tr><td colspan="3">地梁间主筋连接</td><td colspan="5"></td></tr>
<tr><td colspan="3">预留电气接地</td><td colspan="5"></td></tr>
<tr><td>5</td><td>预留接地连接线</td><td colspan="8"></td></tr>
<tr><td>6</td><td>两相邻接地装置电气连接</td><td colspan="8"></td></tr>
<tr><td rowspan="6">7</td><td rowspan="6">各测点接地电阻值(Ω)</td><td>检测部位</td><td></td><td></td><td></td><td></td><td></td><td></td><td></td></tr>
<tr><td>实测值</td><td></td><td></td><td></td><td></td><td></td><td></td><td></td></tr>
<tr><td>检测部位</td><td></td><td></td><td></td><td></td><td></td><td></td><td></td></tr>
<tr><td>实测值</td><td></td><td></td><td></td><td></td><td></td><td></td><td></td></tr>
<tr><td>检测部位</td><td></td><td></td><td></td><td></td><td></td><td></td><td></td></tr>
<tr><td>实测值</td><td></td><td></td><td></td><td></td><td></td><td></td><td></td></tr>
<tr><td colspan="2">检测仪器设备</td><td colspan="8"></td></tr>
<tr><td colspan="2">存在问题及整改意见</td><td colspan="8"></td></tr>
<tr><td colspan="2">验收意见</td><td colspan="8"></td></tr>
<tr><td colspan="2">备注</td><td colspan="8"></td></tr>
<tr><td colspan="2">监理签字：</td><td colspan="2">施工方签字：</td><td colspan="2">甲方签字：</td><td colspan="2">检测人员签字：</td><td colspan="2">校核人员签字：</td></tr>
</table>

年 月 日

表 3　防雷引下线验收原始记录表

(引下线的检测)

第　页　共　页

序号	验收项目/内容	专用引下线检测结果					
1	材料和规格	材料		规格			
2	布置情况	是否合理		根数		间距	
3	敷设情况	敷设方式		接地路径		弯曲度	
		是否平直		是否固定可靠		固定支架间距	
4	断接卡的设置	形式		距地高度		连接是否紧固	
序号	验收项目/内容	自然引下线检测结果					
1	引下线类型						
2	引下线间距					平均间距	
3	柱主筋做引下线	主筋利用数		规格		主筋间的连接	
4	金属构件做引下线	构件名称		各部件连接方式		各部件过渡电阻	
5	测试连接板	数量		距地面高度		是否设断接卡	
各测点接地电阻值(Ω)		检测部位					
		实测值					
		检测部位					
		实测值					
检测仪器设备							
存在问题及整改意见							
验收意见							
备注							
监理签字:		施工方签字:	甲方签字:		检测人员签字:		校核人员签字:

年　月　日

表 4 接闪器验收原始记录表（1）

第 页 共 页

<table>
<tr><td>序号</td><td colspan="2">验收项目/内容</td><td colspan="6">检测结果</td></tr>
<tr><td>1</td><td colspan="2">接闪器类型</td><td colspan="6"></td></tr>
<tr><td>2</td><td colspan="2">安装部位</td><td colspan="6"></td></tr>
<tr><td>3</td><td colspan="2">建筑物尺寸</td><td colspan="6"></td></tr>
<tr><td>4</td><td colspan="2">与引下线连接情况</td><td colspan="6"></td></tr>
<tr><td>5</td><td colspan="2">与金属构件等
电位连接情况</td><td colspan="6"></td></tr>
<tr><td>6</td><td colspan="2">电气线路附着情况
及采取的措施</td><td colspan="6"></td></tr>
<tr><td rowspan="8">7</td><td rowspan="8">接闪杆</td><td rowspan="3">独立接闪杆</td><td>材料</td><td></td><td>规格</td><td></td><td>类型/型号</td><td></td></tr>
<tr><td>安装高度</td><td></td><td>数量</td><td></td><td>支架</td><td></td></tr>
<tr><td>支座</td><td></td><td>安全距离计算值</td><td></td><td>安全距离实测值</td><td></td></tr>
<tr><td rowspan="3">安装于建筑物
上的接闪杆</td><td>材料</td><td></td><td>规格</td><td></td><td>类型/型号</td><td></td></tr>
<tr><td>安装高度</td><td></td><td>数量</td><td></td><td>安装位置</td><td></td></tr>
<tr><td>支架</td><td></td><td>支座</td><td></td><td>与引下线连接点数</td><td></td></tr>
<tr><td rowspan="2">接闪短杆</td><td>材料</td><td></td><td>规格</td><td></td><td>安装位置</td><td></td></tr>
<tr><td>高度</td><td></td><td>数量</td><td></td><td>等电位连接情况</td><td></td></tr>
<tr><td rowspan="4">8</td><td colspan="2" rowspan="4">接闪带</td><td>材料</td><td></td><td>规格</td><td></td><td>安装位置</td><td></td></tr>
<tr><td>敷设方式</td><td></td><td>是否平直</td><td></td><td></td><td></td></tr>
<tr><td>安装高度</td><td></td><td>固定支架间距</td><td></td><td>是否固定可靠</td><td></td></tr>
<tr><td>女儿墙宽度</td><td></td><td>表面覆盖物厚度</td><td></td><td></td><td></td></tr>
<tr><td colspan="3">检测仪器设备</td><td colspan="6"></td></tr>
<tr><td colspan="3">存在问题及
整改意见</td><td colspan="6"></td></tr>
<tr><td colspan="3">验收意见</td><td colspan="6"></td></tr>
<tr><td colspan="3">备注</td><td colspan="6"></td></tr>
<tr><td colspan="3">监理签字：</td><td colspan="2">施工方签字：</td><td>甲方签字：</td><td colspan="2">检测人员签字：</td><td>校核人员签字：</td></tr>
</table>

年 月 日

表 5　接闪器验收原始记录表（2）

第　页　共　页

<table>
<tr><td>序号</td><td colspan="2">验收项目/内容</td><td colspan="8">检测结果</td></tr>
<tr><td rowspan="4">9</td><td rowspan="4">接闪网</td><td rowspan="2">常规接闪网</td><td>敷设方式</td><td></td><td>材料</td><td></td><td>规格</td><td></td><td>网格尺寸</td><td></td></tr>
<tr><td>是否平直</td><td colspan="3"></td><td>网格点</td><td colspan="3"></td></tr>
<tr><td rowspan="2">钢筋混凝土
屋面</td><td>钢筋间的连接情况</td><td colspan="7"></td></tr>
<tr><td>预留接地端子情况</td><td colspan="7"></td></tr>
<tr><td rowspan="2">10</td><td colspan="2" rowspan="2">屋顶永久性金
属物做接闪器</td><td>金属物名称</td><td></td><td>过渡
电阻值</td><td></td><td>金属板下有
无易燃物品</td><td></td><td>金属板
材料</td><td></td></tr>
<tr><td>金属板厚度</td><td></td><td colspan="2">金属板间连接情况</td><td colspan="4"></td></tr>
<tr><td rowspan="5">11</td><td colspan="2" rowspan="5">楼顶设施</td><td>设施名称</td><td colspan="7">采取的防雷措施</td></tr>
<tr><td></td><td colspan="7"></td></tr>
<tr><td></td><td colspan="7"></td></tr>
<tr><td></td><td colspan="7"></td></tr>
<tr><td></td><td colspan="7"></td></tr>
<tr><td rowspan="8">12</td><td colspan="2" rowspan="8">接地电阻值
（Ω）</td><td>检测部位</td><td></td><td></td><td></td><td></td><td></td><td></td><td></td></tr>
<tr><td>实测值</td><td></td><td></td><td></td><td></td><td></td><td></td><td></td></tr>
<tr><td>检测部位</td><td></td><td></td><td></td><td></td><td></td><td></td><td></td></tr>
<tr><td>实测值</td><td></td><td></td><td></td><td></td><td></td><td></td><td></td></tr>
<tr><td>检测部位</td><td></td><td></td><td></td><td></td><td></td><td></td><td></td></tr>
<tr><td>实测值</td><td></td><td></td><td></td><td></td><td></td><td></td><td></td></tr>
<tr><td>检测部位</td><td></td><td></td><td></td><td></td><td></td><td></td><td></td></tr>
<tr><td>实测值</td><td></td><td></td><td></td><td></td><td></td><td></td><td></td></tr>
<tr><td colspan="3">检测仪器设备</td><td colspan="8"></td></tr>
<tr><td colspan="3">存在问题及
整改意见</td><td colspan="8"></td></tr>
<tr><td colspan="3">验收意见</td><td colspan="8"></td></tr>
<tr><td colspan="3">备注</td><td colspan="8"></td></tr>
<tr><td colspan="3">监理签字：</td><td colspan="2">施工方签字：</td><td colspan="2">甲方签字：</td><td colspan="2">检测人员签字：</td><td colspan="2">校核人员签字：</td></tr>
</table>

年　月　日

表6　防侧击雷措施验收原始记录表

第　页　共　页

<table>
<tr><td>序号</td><td>验收项目/内容</td><td colspan="11">检测结果</td></tr>
<tr><td rowspan="2">1</td><td rowspan="2">水平接闪带或均压环的设置</td><td>材料规格</td><td colspan="5"></td><td colspan="2">闭合情况</td><td colspan="3"></td></tr>
<tr><td>首次设置高度</td><td colspan="5"></td><td colspan="2">垂直间距</td><td colspan="3"></td></tr>
<tr><td rowspan="3">2</td><td rowspan="3">水平接闪带和均压环与引下线的连接</td><td>楼层</td><td></td><td></td><td></td><td></td><td></td><td></td><td></td><td></td><td></td><td></td></tr>
<tr><td>连接方式</td><td></td><td></td><td></td><td></td><td></td><td></td><td></td><td></td><td></td><td></td></tr>
<tr><td>过渡电阻值(Ω)</td><td></td><td></td><td></td><td></td><td></td><td></td><td></td><td></td><td></td><td></td></tr>
<tr><td rowspan="12">3</td><td rowspan="12">门窗、外墙较大金属物与防雷装置的连接</td><td>检测部位</td><td colspan="2"></td><td colspan="2"></td><td colspan="2"></td><td colspan="2"></td><td colspan="2"></td></tr>
<tr><td>连接方式</td><td colspan="2"></td><td colspan="2"></td><td colspan="2"></td><td colspan="2"></td><td colspan="2"></td></tr>
<tr><td>过渡电阻值</td><td colspan="2"></td><td colspan="2"></td><td colspan="2"></td><td colspan="2"></td><td colspan="2"></td></tr>
<tr><td>检测部位</td><td colspan="2"></td><td colspan="2"></td><td colspan="2"></td><td colspan="2"></td><td colspan="2"></td></tr>
<tr><td>连接方式</td><td colspan="2"></td><td colspan="2"></td><td colspan="2"></td><td colspan="2"></td><td colspan="2"></td></tr>
<tr><td>过渡电阻值</td><td colspan="2"></td><td colspan="2"></td><td colspan="2"></td><td colspan="2"></td><td colspan="2"></td></tr>
<tr><td>检测部位</td><td colspan="2"></td><td colspan="2"></td><td colspan="2"></td><td colspan="2"></td><td colspan="2"></td></tr>
<tr><td>连接方式</td><td colspan="2"></td><td colspan="2"></td><td colspan="2"></td><td colspan="2"></td><td colspan="2"></td></tr>
<tr><td>过渡电阻值</td><td colspan="2"></td><td colspan="2"></td><td colspan="2"></td><td colspan="2"></td><td colspan="2"></td></tr>
<tr><td>检测部位</td><td colspan="2"></td><td colspan="2"></td><td colspan="2"></td><td colspan="2"></td><td colspan="2"></td></tr>
<tr><td>连接方式</td><td colspan="2"></td><td colspan="2"></td><td colspan="2"></td><td colspan="2"></td><td colspan="2"></td></tr>
<tr><td>过渡电阻值</td><td colspan="2"></td><td colspan="2"></td><td colspan="2"></td><td colspan="2"></td><td colspan="2"></td></tr>
<tr><td rowspan="2">4</td><td rowspan="2">竖直敷设的金属物与防雷装置的连接</td><td>金属物名称</td><td colspan="2"></td><td colspan="2">上端</td><td colspan="2"></td><td colspan="2">下端</td><td colspan="2"></td></tr>
<tr><td>金属物名称</td><td colspan="2"></td><td colspan="2">上端</td><td colspan="2"></td><td colspan="2">下端</td><td colspan="2"></td></tr>
<tr><td colspan="2">检测仪器设备</td><td colspan="11"></td></tr>
<tr><td colspan="2">存在问题及整改意见</td><td colspan="11"></td></tr>
<tr><td colspan="2">验收意见</td><td colspan="11"></td></tr>
<tr><td colspan="2">备注</td><td colspan="11"></td></tr>
<tr><td colspan="2">监理签字：</td><td colspan="2">施工方签字：</td><td colspan="3">甲方签字：</td><td colspan="3">检测人员签字：</td><td colspan="3">校核人员签字：</td></tr>
</table>

年　月　日

表 7 幕墙防雷验收原始记录表

第　页　共　页

<table>
<tr><td>序号</td><td>验收项目/内容</td><td colspan="4">检测结果</td></tr>
<tr><td rowspan="2">1</td><td rowspan="2">压顶盖板</td><td>与幕墙构架的连接情况</td><td colspan="3"></td></tr>
<tr><td>与防雷装置的连接情况</td><td colspan="3"></td></tr>
<tr><td rowspan="2">2</td><td rowspan="2">竖向立柱（龙骨）</td><td>上下导通情况</td><td></td><td>与横向梁的连接情况</td><td></td></tr>
<tr><td>与防雷装置连接的水平间距</td><td></td><td>与防雷装置连接的垂直间距</td><td></td></tr>
<tr><td rowspan="13">3</td><td rowspan="13">幕墙框架与防雷装置的连接</td><td>连接部位</td><td>连接方式</td><td>连接导体材料和规格</td><td>过渡电阻（Ω）</td></tr>
<tr><td></td><td></td><td></td><td></td></tr>
<tr><td></td><td></td><td></td><td></td></tr>
<tr><td></td><td></td><td></td><td></td></tr>
<tr><td></td><td></td><td></td><td></td></tr>
<tr><td></td><td></td><td></td><td></td></tr>
<tr><td></td><td></td><td></td><td></td></tr>
<tr><td></td><td></td><td></td><td></td></tr>
<tr><td></td><td></td><td></td><td></td></tr>
<tr><td></td><td></td><td></td><td></td></tr>
<tr><td></td><td></td><td></td><td></td></tr>
<tr><td></td><td></td><td></td><td></td></tr>
<tr><td></td><td></td><td></td><td></td></tr>
<tr><td colspan="2">检测仪器设备</td><td colspan="4"></td></tr>
<tr><td colspan="2">存在问题及整改意见</td><td colspan="4"></td></tr>
<tr><td colspan="2">验收意见</td><td colspan="4"></td></tr>
<tr><td colspan="2">备注</td><td colspan="4"></td></tr>
<tr><td colspan="2">监理签字：</td><td>施工方签字：</td><td>甲方签字：</td><td>检测人员签字：</td><td>校核人员签字：</td></tr>
</table>

年　月　日

表 8　防雷击电磁脉冲验收原始记录表（1）
（防雷电波侵入和屏蔽措施）

第　页　共　页

<table>
<tr><td>序号</td><td colspan="2">验收项目/内容</td><td colspan="4">检测结果</td></tr>
<tr><td rowspan="10">1</td><td rowspan="10">防闪电电涌侵入措施</td><td rowspan="3">低压电源线路</td><td>入户方式</td><td></td><td>埋地长度(m)</td><td></td></tr>
<tr><td>接地电阻(Ω)</td><td></td><td>是否安装 SPD</td><td></td></tr>
<tr><td>入户处等电位连接及接地情况</td><td></td><td></td><td></td></tr>
<tr><td rowspan="3">电子系统线路</td><td>入户方式</td><td></td><td>埋地长度(m)</td><td></td></tr>
<tr><td>接地电阻(Ω)</td><td></td><td>是否安装 SPD</td><td></td></tr>
<tr><td>入户处等电位连接及接地情况</td><td></td><td></td><td></td></tr>
<tr><td rowspan="2">金属管道</td><td>入户方式</td><td></td><td>接地电阻(Ω)</td><td></td></tr>
<tr><td>距建筑物 100m 内金属管道的接地情况</td><td></td><td></td><td></td></tr>
<tr><td rowspan="2">固定在建筑物上的用电设备的电源线路</td><td>敷设方式</td><td></td><td>是否安装 SPD</td><td></td></tr>
<tr><td>等电位连接及电气贯通情况</td><td></td><td></td><td></td></tr>
<tr><td rowspan="5">2</td><td colspan="2" rowspan="5">屏蔽措施</td><td>型　式</td><td></td><td>材料规格</td><td></td></tr>
<tr><td>建筑物自身金属构件屏蔽措施</td><td colspan="3"></td></tr>
<tr><td>机房屏蔽措施</td><td colspan="3"></td></tr>
<tr><td>线缆屏蔽措施</td><td colspan="3"></td></tr>
<tr><td>设备屏蔽措施</td><td colspan="3"></td></tr>
<tr><td colspan="3">检测仪器设备</td><td colspan="4"></td></tr>
<tr><td colspan="3">存在问题及整改意见</td><td colspan="4"></td></tr>
<tr><td colspan="3">验收意见</td><td colspan="4"></td></tr>
<tr><td colspan="3">备　注</td><td colspan="4"></td></tr>
<tr><td colspan="3">监理签字：</td><td>施工方签字：</td><td>甲方签字：</td><td>检测人员签字：</td><td>校核人员签字：</td></tr>
</table>

年　　月　　日

表 9 防雷击电磁脉冲验收原始记录表（2）
（等电位连接和接地）

第　页　共　页

检测部位	验收项目/内容				
	序号	连接物名称	连接导体的材料和规格	连接方式和连接质量	过渡电阻值(Ω)
LPZ_0 与 LPZ_1 区交界处	1				
	2				
	3				
	4				
	5				
	6				
	7				
	8				
	9				
	10				
LPZ_1 与 LPZ_2 区交界处	1				
	2				
	3				
	4				
	5				
	6				
	7				
	8				
	9				
	10				
接地系统	接地方式			配电系统接地形式	
检测仪器设备					
存在问题及整改意见					
验收意见					
备　注					
监理签字：	施工方签字：		甲方签字：	检测人员签字：	校核人员签字：

年　月　日

表10　防雷击电磁脉冲验收原始记录表（3）
（电子系统等电位连接和接地）

第　页　共　页

<table>
<tr><td>验收项目/内容</td><td colspan="5">检测结果</td></tr>
<tr><td>电子系统（机房）概况</td><td colspan="5"></td></tr>
<tr><td>等电位连接网络形式</td><td colspan="5"></td></tr>
<tr><td>星型结构（S型）检查</td><td colspan="5"></td></tr>
<tr><td>网型结构（M型）检</td><td colspan="5"></td></tr>
<tr><td rowspan="13">电气和电子系统与等电位连接网络的连接</td><td>序号</td><td>设备/接地名称</td><td>连接导体的材料和规格</td><td>连接方式和连接质量</td><td>过渡电阻值（Ω）</td></tr>
<tr><td>1</td><td></td><td></td><td></td><td></td></tr>
<tr><td>2</td><td></td><td></td><td></td><td></td></tr>
<tr><td>3</td><td></td><td></td><td></td><td></td></tr>
<tr><td>4</td><td></td><td></td><td></td><td></td></tr>
<tr><td>5</td><td></td><td></td><td></td><td></td></tr>
<tr><td>6</td><td></td><td></td><td></td><td></td></tr>
<tr><td>7</td><td></td><td></td><td></td><td></td></tr>
<tr><td>8</td><td></td><td></td><td></td><td></td></tr>
<tr><td>9</td><td></td><td></td><td></td><td></td></tr>
<tr><td>10</td><td></td><td></td><td></td><td></td></tr>
<tr><td>11</td><td></td><td></td><td></td><td></td></tr>
<tr><td>12</td><td></td><td></td><td></td><td></td></tr>
<tr><td>检测仪器设备</td><td colspan="5"></td></tr>
<tr><td>存在问题及整改意见</td><td colspan="5"></td></tr>
<tr><td>验收意见</td><td colspan="5"></td></tr>
<tr><td>备　注</td><td colspan="5"></td></tr>
<tr><td>监理签字：</td><td>施工方签字：</td><td>甲方签字：</td><td>检测人员签字：</td><td colspan="2">校核人员签字：</td></tr>
</table>

年　　月　　日

表 11　电涌保护器验收原始记录表
(用于电气系统的电涌保护器的检测)

第　页　共　页

验收项目 \ 编号 \ 检测结果	1	2	3	4	5	6	7	8
级　别								
安装位置								
产品型号								
外观检查								
引线长度								
连线色标								
连线截面(m^2)								
状态指示器								
过电流保护								
过渡电阻(Ω)								
绝缘电阻(Ω)								
在线运行温度								
U_c 检查值								
U_p 检查值								
I_{imp}或I_n 检查值								
检测仪器设备								
存在问题及整改意见								
验收意见								
备　注								

监理签字：	施工方签字：	甲方签字：	检测人员签字：	校核人员签字：

年　月　日

表12　电涌保护器验收原始记录表
(用于电子系统的电涌保护器的检测)

第　页　共　页

验收项目 \ 编号 / 检测结果	1	2	3	4	5	6	7	8
安装位置								
产品型号								
外观检查								
引线长度								
连线色标								
连线截面(m^2)								
过渡电阻(Ω)								
绝缘电阻(Ω)								
标称频率范围								
线路对数								
插入损耗								
U_c 检查值								
U_p 检查值								
I_{imp} 或 I_n 检查值								
检测仪器设备								
存在问题及整改意见								
验收意见								
备　注								

监理签字：	施工方签字：	甲方签字：	检测人员签字：	校核人员签字：

年　月　日

检测（验收）报告示例

计量认证证书编号

山 东 省 防 雷 装 置

检 测（验 收）报 告

鲁（ ）雷（验）字［ ］ 号

建设单位 ______________________

防雷类别 ______________________

检测性质 竣工验收

检测单位 ______________________

说　　明

1. 本报告用蓝、黑钢笔填写或打印，要求字迹清晰、语言规范、文字简洁、签名齐全、数据准确。使用国家法定计量单位。

2. 本报告一式二份，一份送建设单位，一份检测单位存档。

3. 报告未盖“检测单位”印章无效。

4. 报告无检测人、校核人、批准人签名无效。

5. 复印报告未盖“检测单位”印章无效。

6. 报告涂改无效。

7. 本检测结果仅对所测部位有效。

8. 对检测（验收）报告若有异议，应于收到检测（验收）报告之日起十五日内向检测单位提出，逾期不予受理。

检测单位地址：
邮　　　　编：
电　　　　话：

新建项目防雷装置检测报告 第 页 共 页

<table>
<tr><td>建设项目</td><td colspan="2"></td><td>项目地址</td><td colspan="4"></td></tr>
<tr><td>工程名称</td><td colspan="2"></td><td>建设单位</td><td colspan="4"></td></tr>
<tr><td>建筑面积</td><td></td><td>高 度</td><td></td><td colspan="2">使用性质</td><td colspan="2"></td></tr>
<tr><td>防雷类别</td><td></td><td>接地形式</td><td></td><td colspan="2">接地电阻</td><td colspan="2"></td></tr>
<tr><td>设计单位</td><td colspan="2"></td><td>施工单位</td><td colspan="4"></td></tr>
<tr><td>监理单位</td><td colspan="2"></td><td>开工时间</td><td></td><td colspan="2">竣工时间</td><td></td></tr>
<tr><td>检测仪器</td><td colspan="7"></td></tr>
<tr><td>检测依据</td><td colspan="7"></td></tr>
<tr><td>存在问题
及整改意见</td><td colspan="7"></td></tr>
<tr><td>检测结论</td><td colspan="7"></td></tr>
</table>

检测人： 校核人： 批准人：

（检测单位盖章处）
年 月 日

新建项目防雷装置检测报告表 1

第　页　共　页

<table>
<tr><td colspan="8">接地装置检测</td></tr>
<tr><td colspan="2">基础类型</td><td colspan="2"></td><td colspan="2">接地电阻允许值(Ω)</td><td colspan="2"></td></tr>
<tr><td>桩筋直径</td><td></td><td>桩筋利用数</td><td></td><td>桩间距</td><td></td><td>桩利用系数</td><td></td></tr>
<tr><td colspan="2">承台与桩主筋连接</td><td colspan="2"></td><td colspan="2">承台与引下线
柱主筋连接</td><td colspan="2"></td></tr>
<tr><td colspan="2">地梁主筋与引下线
柱主筋连接</td><td colspan="2"></td><td colspan="2">地梁间主筋连接</td><td colspan="2"></td></tr>
<tr><td rowspan="12">接地电阻值(Ω)</td><td>检测部位</td><td></td><td></td><td></td><td></td><td></td><td></td></tr>
<tr><td>实测值</td><td></td><td></td><td></td><td></td><td></td><td></td></tr>
<tr><td>检测部位</td><td></td><td></td><td></td><td></td><td></td><td></td></tr>
<tr><td>实测值</td><td></td><td></td><td></td><td></td><td></td><td></td></tr>
<tr><td>检测部位</td><td></td><td></td><td></td><td></td><td></td><td></td></tr>
<tr><td>实测值</td><td></td><td></td><td></td><td></td><td></td><td></td></tr>
<tr><td>检测部位</td><td></td><td></td><td></td><td></td><td></td><td></td></tr>
<tr><td>实测值</td><td></td><td></td><td></td><td></td><td></td><td></td></tr>
<tr><td>检测部位</td><td></td><td></td><td></td><td></td><td></td><td></td></tr>
<tr><td>实测值</td><td></td><td></td><td></td><td></td><td></td><td></td></tr>
<tr><td>检测部位</td><td></td><td></td><td></td><td></td><td></td><td></td></tr>
<tr><td>实测值</td><td></td><td></td><td></td><td></td><td></td><td></td></tr>
<tr><td>检测部位</td><td></td><td></td><td></td><td></td><td></td><td></td></tr>
<tr><td>实测值</td><td></td><td></td><td></td><td></td><td></td><td></td></tr>
</table>

新建项目防雷装置检测报告表 2

第　页　共　页

<table>
<tr><td colspan="6">引下线检测</td></tr>
<tr><td>引下线类型</td><td></td><td>材　料</td><td></td><td>规　格</td><td></td></tr>
<tr><td>敷设方式</td><td></td><td>平均间距</td><td></td><td>焊接情况</td><td></td></tr>
<tr><td>断接卡的
设置形式</td><td></td><td>距地高度</td><td></td><td>防腐情况</td><td></td></tr>
<tr><td rowspan="14">各测点接地电阻值（Ω）</td><td>测点编号</td><td></td><td></td><td></td><td></td></tr>
<tr><td>实测值</td><td></td><td></td><td></td><td></td></tr>
<tr><td>测点编号</td><td></td><td></td><td></td><td></td></tr>
<tr><td>实测值</td><td></td><td></td><td></td><td></td></tr>
<tr><td>测点编号</td><td></td><td></td><td></td><td></td></tr>
<tr><td>实测值</td><td></td><td></td><td></td><td></td></tr>
<tr><td>测点编号</td><td></td><td></td><td></td><td></td></tr>
<tr><td>实测值</td><td></td><td></td><td></td><td></td></tr>
<tr><td>测点编号</td><td></td><td></td><td></td><td></td></tr>
<tr><td>实测值</td><td></td><td></td><td></td><td></td></tr>
<tr><td>测点编号</td><td></td><td></td><td></td><td></td></tr>
<tr><td>实测值</td><td></td><td></td><td></td><td></td></tr>
<tr><td>测点编号</td><td></td><td></td><td></td><td></td></tr>
<tr><td>实测值</td><td></td><td></td><td></td><td></td></tr>
</table>

新建项目防雷装置检测报告表 3

第　页　共　页

<table>
<tr><td colspan="6">接闪器的检测</td></tr>
<tr><td>接闪器类型</td><td></td><td>与引下线的连接情况</td><td></td><td>防腐情况</td><td></td></tr>
<tr><td>材　料</td><td></td><td>规　格</td><td></td><td>安装高度</td><td></td></tr>
<tr><td rowspan="16">接地电阻值（Ω）</td><td>检测部位</td><td></td><td></td><td></td><td></td></tr>
<tr><td>实测值</td><td></td><td></td><td></td><td></td></tr>
<tr><td>检测部位</td><td></td><td></td><td></td><td></td></tr>
<tr><td>实测值</td><td></td><td></td><td></td><td></td></tr>
<tr><td>检测部位</td><td></td><td></td><td></td><td></td></tr>
<tr><td>实测值</td><td></td><td></td><td></td><td></td></tr>
<tr><td>检测部位</td><td></td><td></td><td></td><td></td></tr>
<tr><td>实测值</td><td></td><td></td><td></td><td></td></tr>
<tr><td>检测部位</td><td></td><td></td><td></td><td></td></tr>
<tr><td>实测值</td><td></td><td></td><td></td><td></td></tr>
<tr><td>检测部位</td><td></td><td></td><td></td><td></td></tr>
<tr><td>实测值</td><td></td><td></td><td></td><td></td></tr>
<tr><td>检测部位</td><td></td><td></td><td></td><td></td></tr>
<tr><td>实测值</td><td></td><td></td><td></td><td></td></tr>
<tr><td>检测部位</td><td></td><td></td><td></td><td></td></tr>
<tr><td>实测值</td><td></td><td></td><td></td><td></td></tr>
</table>

新建项目防雷装置检测报告表 4

第　页　共　页

<table>
<tr><td colspan="6">防侧击雷措施与均压环检测</td></tr>
<tr><td colspan="2">材料规格</td><td></td><td colspan="2">闭合情况</td><td></td></tr>
<tr><td colspan="2">首次设置高度</td><td></td><td colspan="2">垂直间距</td><td></td></tr>
<tr><td colspan="2">与引下线的连接情况</td><td></td><td colspan="2">竖直敷设的金属物与
防雷装置的连接情况</td><td></td></tr>
<tr><td rowspan="16">接
地
电
阻
值
（Ω）</td><td>检测部位</td><td></td><td></td><td></td><td></td></tr>
<tr><td>实测值</td><td></td><td></td><td></td><td></td></tr>
<tr><td>检测部位</td><td></td><td></td><td></td><td></td></tr>
<tr><td>实测值</td><td></td><td></td><td></td><td></td></tr>
<tr><td>检测部位</td><td></td><td></td><td></td><td></td></tr>
<tr><td>实测值</td><td></td><td></td><td></td><td></td></tr>
<tr><td>检测部位</td><td></td><td></td><td></td><td></td></tr>
<tr><td>实测值</td><td></td><td></td><td></td><td></td></tr>
<tr><td>检测部位</td><td></td><td></td><td></td><td></td></tr>
<tr><td>实测值</td><td></td><td></td><td></td><td></td></tr>
<tr><td>检测部位</td><td></td><td></td><td></td><td></td></tr>
<tr><td>实测值</td><td></td><td></td><td></td><td></td></tr>
<tr><td>检测部位</td><td></td><td></td><td></td><td></td></tr>
<tr><td>实测值</td><td></td><td></td><td></td><td></td></tr>
<tr><td>检测部位</td><td></td><td></td><td></td><td></td></tr>
<tr><td>实测值</td><td></td><td></td><td></td><td></td></tr>
</table>

新建项目防雷装置检测报告表 5

第 页 共 页

<table>
<tr><td colspan="6">防闪电电涌侵入和屏蔽措施检测</td></tr>
<tr><td colspan="2">低压电源线路入户方式</td><td></td><td colspan="2">入户处等电位连接
及接地情况</td><td></td></tr>
<tr><td colspan="2">金属管道入户方式</td><td></td><td colspan="2">距建筑物 100m 内金属
管道的接地情况</td><td></td></tr>
<tr><td colspan="2">线缆屏蔽措施</td><td></td><td colspan="2">设备屏蔽措施</td><td></td></tr>
<tr><td rowspan="14">接
地
电
阻
值
(Ω)</td><td>检测部位</td><td></td><td></td><td></td><td></td></tr>
<tr><td>实测值</td><td></td><td></td><td></td><td></td></tr>
<tr><td>检测部位</td><td></td><td></td><td></td><td></td></tr>
<tr><td>实测值</td><td></td><td></td><td></td><td></td></tr>
<tr><td>检测部位</td><td></td><td></td><td></td><td></td></tr>
<tr><td>实测值</td><td></td><td></td><td></td><td></td></tr>
<tr><td>检测部位</td><td></td><td></td><td></td><td></td></tr>
<tr><td>实测值</td><td></td><td></td><td></td><td></td></tr>
<tr><td>检测部位</td><td></td><td></td><td></td><td></td></tr>
<tr><td>实测值</td><td></td><td></td><td></td><td></td></tr>
<tr><td>检测部位</td><td></td><td></td><td></td><td></td></tr>
<tr><td>实测值</td><td></td><td></td><td></td><td></td></tr>
<tr><td>检测部位</td><td></td><td></td><td></td><td></td></tr>
<tr><td>实测值</td><td></td><td></td><td></td><td></td></tr>
<tr><td></td><td>检测部位</td><td></td><td></td><td></td><td></td></tr>
<tr><td></td><td>实测值</td><td></td><td></td><td></td><td></td></tr>
</table>

新建项目防雷装置检测报告表 6

第　页　共　页

电源 SPD 检测								
安装位置	产品型号	外观检查	I_n检查值（KA）	U_C检查值（V）	U_p检查值（KV）	引线长度（mm）	引线规格（mm^2）	接地电阻（Ω）

新建项目防雷装置检测报告表 7

第　页　共　页

信号 SPD 及天馈 SPD 检测								
安装位置	型号	外观检查	标称频率范围	插入损耗	I_n检查值（KA）	引线长度（mm）	引线规格（mm^2）	接地电阻（Ω）

新建项目防雷装置检测报告表8

第　页　共　页

<table>
<tr><td colspan="6">建筑物内其他设备接地检测</td></tr>
<tr><td rowspan="18">接地电阻值(Ω)</td><td>检测部位</td><td></td><td></td><td></td><td></td></tr>
<tr><td>实测值</td><td></td><td></td><td></td><td></td></tr>
<tr><td>检测部位</td><td></td><td></td><td></td><td></td></tr>
<tr><td>实测值</td><td></td><td></td><td></td><td></td></tr>
<tr><td>检测部位</td><td></td><td></td><td></td><td></td></tr>
<tr><td>实测值</td><td></td><td></td><td></td><td></td></tr>
<tr><td>检测部位</td><td></td><td></td><td></td><td></td></tr>
<tr><td>实测值</td><td></td><td></td><td></td><td></td></tr>
<tr><td>检测部位</td><td></td><td></td><td></td><td></td></tr>
<tr><td>实测值</td><td></td><td></td><td></td><td></td></tr>
<tr><td>检测部位</td><td></td><td></td><td></td><td></td></tr>
<tr><td>实测值</td><td></td><td></td><td></td><td></td></tr>
<tr><td>检测部位</td><td></td><td></td><td></td><td></td></tr>
<tr><td>实测值</td><td></td><td></td><td></td><td></td></tr>
<tr><td>检测部位</td><td></td><td></td><td></td><td></td></tr>
<tr><td>实测值</td><td></td><td></td><td></td><td></td></tr>
<tr><td>检测部位</td><td></td><td></td><td></td><td></td></tr>
<tr><td>实测值</td><td></td><td></td><td></td><td></td></tr>
</table>

此报告一式二份，每份共　页，
一份存建设单位；
一份存检测单位。

防雷装置整改意见书示例

防雷装置整改意见书

鲁（　）雷（验）改字［　　］　号

建设单位名称：

根据《中华人民共和国气象法》《气象灾害防御条例》《山东省气象灾害防御条例》《防雷减灾管理办法》等法律法规和有关文件要求，依据《建筑物防雷设计规范》（GB50057—2010）《建筑物电子信息系统防雷技术规范》（GB50343—2012）《建筑物防雷装置施工与验收规范》（DB37/1228—2009）《建筑物防雷装置检测技术规范》（GB/T21431—2008）等国家标准及山东省防雷地方标准，对＿（建设项目名称）＿防雷装置进行了验收检测，存在问题如下：

一、＿＿＿＿＿＿＿＿＿＿＿＿＿＿＿＿＿＿＿＿

二、＿＿＿＿＿＿＿＿＿＿＿＿＿＿＿＿＿＿＿＿

三、＿＿＿＿＿＿＿＿＿＿＿＿＿＿＿＿＿＿＿＿

四、＿＿＿＿＿＿＿＿＿＿＿＿＿＿＿＿＿＿＿＿

以上存在的问题需尽快整改，请于　　年　　月　　日以前通知我单位进行复验。逾期不改，将上报气象主管机构按照《山东省气象灾害防御条例》和《防雷减灾管理办法》等有关法律法规进行处理。

（公章）

年　　月　　日

建设单位经办人：（签字）　　　　验收单位经办人：（签字）

年　　月　　日

第四章　防雷工程设计、施工文书制作要求和参考样本

第一节　防雷工程设计、施工工作流程图

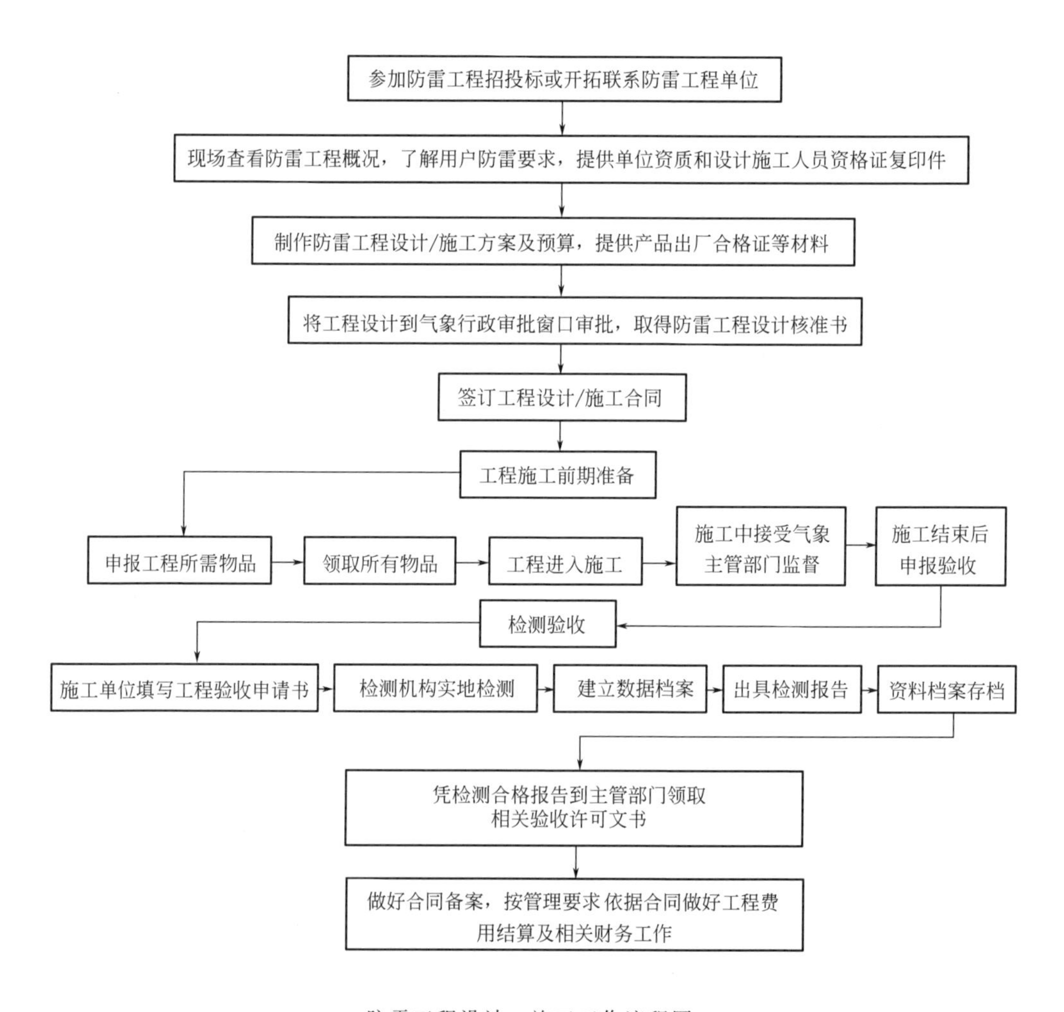

防雷工程设计、施工工作流程图

第二节 防雷工程勘察记录

填写要求及注意事项

勘察记录编号推荐：市县简码（参见附录三表一）＋工作性质简码（参见附录三表二）＋年份＋三位顺序号。

一、建筑物防雷工程勘察记录

（一）供电制式：TN-C/TN-C-S/TN-S/TT。

（二）雷击史：提供历年来的雷击历史，要详细注明雷击时间、生命伤亡人数（人）、财产损失（万）以供参考，若特殊情况，可加页另行说明，下同。

（三）勘察结论：根据实际情况，做出现场勘察的结论。下同。

（四）相关人员进行手写签字。下同。

二、电子信息系统防雷工程勘察记录

（一）防雷分区：根据 GB50343-2012 要求进行划分。

（二）雷电防护等级：根据 GB50343-2012 要求进行划分。

（三）连接网络材料/规格：根据实际情况填写，标明单位。

（四）信号线路：根据实际情况填写。

三、加油站防雷工程勘察记录填写说明

（一）接闪器安装位置：屋顶/其他。

（二）引下线的敷设形式：暗敷/明敷。

（三）供配电系统：380/220V。

（四）低压线路敷设情况：埋地/架空。

（五）金属管道敷设情况：埋地/明敷。

（六）是否有信息系统：是/否。

（七）SPD 安装情况：有/无。

（八）爆炸危险区域：0 区/1 区/2 区。

（九）油罐数量：具体数量（个）。

（十）油罐区接闪类型：杆/整体。

（十一）防静电装置：有/无。

（十二）地网等效面积/最大直径：××(m^2)/××(m)。

第三节 防雷工程合同

填写要求及注意事项

1. 工程合同样本仅供各单位参考使用。

2. 合同编号推荐由市县名称简码（参见附录三表一）＋年份＋三位顺序号组成。

3. 依照《中华人民共和国合同法》及其他有关法律、法规，遵循平等、自愿、公平和诚实信用原则，订立工程合同。合同未尽事宜，经双方共同协商可签订补充协议，视为合同附件，与合同具有同等法律效力。

第四节 防雷工程施工记录

填写要求及注意事项

1. 此表为工程施工过程中填写使用，特别是对隐蔽工程的实时记录尤为重要，还可以作为大型工程的验收及竣工结算的参考。

2. 编号推荐格式：市县简码＋工作性质简码＋年份＋三位顺序号，参见附录三。

3. 人工、设备使用情况：按照实际情况说明。

4. 存在问题急需解决的事项；书写清楚、有条理，在同一工程中，后续记录要有答复。

5. 项目负责人审核意见（包括对存在问题的处理意见）：按照当天的实际情况，提出意见，在以后的记录中，要对此意见有答复。

第五节 防雷工程预决算表

一、名词解释

工程造价俗称工程预决算，是对建筑工程项目所需各种材料、人工、机械消耗量及耗用资金的核算，是国家基本建设投资及建设项目施工过程中一项要求工作。

工程预算：是根据批准的施工图设计、预算定额和单位估价表、施工组织设计文件以及各种费用定额等有关资料进行计算和编制的单位工程造价。

工程结算：是施工企业在所承包的工程全部完工交工之后，与建设单位进行的最终工程价款结算。

工程决算：是反映建设项目实际造价和投资效果的文件，是竣工验收报告的重要组成部分，工程决算由建设单位编制，它包括为建设该项目所实际支出的一切费用的总和。

二、填写要求及注意事项

（一）严格按照工程造价管理方面的有关文件和定额编、审工程项目概算和预算，不准弄虚作假，高估冒算。

（二）严格按编、审概预算的规定和依据，准确计算工程量，正确套用定额单价，正确计算各种费用，并按要求写出编制说明，规范各项工作，做到保质保量。

（三）建立概、预算台账，保证登记数据完整齐全准确，台账随时可以备查。

（四）经常深入施工现场，了解工程情况，掌握工程施工现场一手资料，确保预结算工作实效性，配合现场施工人员参与隐蔽工程的签证。

（五）建立材料价格数据库，经常与造价管理部门保持联系，随时了解和掌握工程造价方面各项信息和资料，保存完整的工程造价资料。

（六）审计和有关单位审查工程预、结算时，要如实汇报情况，及时提供有关资料，协助完成工程结算核审鉴字工作。

（七）工程结算的依据是施工合同书、设计图纸、设计变更通知单和签证单，其余一律不得作为结算依据。

（八）确保结算审核结果的准确性，不允许出现常识性错误，结算送审误差原则上不得超过工程造价的3%。

（九）严格保守工程造价方面的技术和经济秘密。

三、参考文书样式（略）

防雷工程勘察记录示例

建筑物防雷工程勘察记录

编号：

<table>
<tr><td>被勘察单位</td><td colspan="3"></td><td>建筑物性质</td><td colspan="4">□公用建筑□民用建筑</td></tr>
<tr><td>地　址</td><td colspan="8"></td></tr>
<tr><td>联系人</td><td colspan="3"></td><td>联系电话</td><td colspan="4"></td></tr>
<tr><td>建(构)筑物名称</td><td colspan="3"></td><td>防雷类别</td><td colspan="4">□一类　□二类　□三类</td></tr>
<tr><td>建筑物层数</td><td colspan="3">地上____层　地下____层</td><td>长×宽×高(m)</td><td colspan="4"></td></tr>
<tr><td>建筑物结构</td><td colspan="3">□砖木　□混合
□钢筋混凝土　□钢结构</td><td>土壤电阻率</td><td colspan="4"></td></tr>
<tr><td>防直击雷措施</td><td colspan="2">□有　□无　□部分</td><td>接闪器类型</td><td colspan="5">□接闪杆　□接闪带　□接闪线
□接闪网　□金属屋面　□其他</td></tr>
<tr><td>防侧击雷措施</td><td colspan="2">□有　□无　□部分</td><td>类　型</td><td colspan="5">□均压环　□等电位联结　□其他</td></tr>
<tr><td>接闪器敷设方式</td><td colspan="2">□明敷　□暗敷　□部分</td><td colspan="2">引下线根数</td><td colspan="4">______根</td></tr>
<tr><td>引下线的敷设形式</td><td colspan="2">□明敷　□暗敷　□部分</td><td colspan="2">外露防雷装置锈蚀程度</td><td colspan="4">□未　□锈蚀　□严重</td></tr>
<tr><td>电源入户情况</td><td>供电制式</td><td></td><td>高压</td><td>□架空
□埋地</td><td colspan="2">低压</td><td colspan="2">□架空
□埋地</td></tr>
<tr><td>接地装置形式</td><td colspan="3">□共用　□独立</td><td>接地内容</td><td colspan="4">□防雷地　□保护地
□交流地　□直流地
□静电地　□其他</td></tr>
<tr><td>防闪电感应措施</td><td colspan="3">□有　□无　□部分</td><td>类　型</td><td colspan="4">□接地　□等电位连接
□SPD 保护　□其他</td></tr>
<tr><td>防闪电电涌侵入措施</td><td colspan="3">□有　□无　□部分</td><td>类　型</td><td colspan="4">□管线埋地　□SPD 保护
□其他</td></tr>
<tr><td rowspan="3">雷击史</td><td colspan="2">雷击时间</td><td></td><td></td><td></td><td colspan="2"></td><td></td></tr>
<tr><td colspan="2">生命伤亡人数(人)</td><td></td><td></td><td></td><td colspan="2"></td><td></td></tr>
<tr><td colspan="2">财产损失(万)</td><td></td><td></td><td></td><td colspan="2"></td><td></td></tr>
<tr><td>勘察结论</td><td colspan="8"></td></tr>
</table>

勘察人员：　　　　　　　　　　　　　　　　　　勘察时间：

电子信息系统防雷工程勘察记录

编号：　　　　　　　　　　第　页　共　页

被勘察单位		联系人	
地址		联系电话	
所在建筑物名称		防雷类别	
电子信息系统勘察项目	信息通信网络系统□	安全防范系统□	天馈线系统□
	火灾自动报警及消防联动系统□	有线电视系统□	通信基站□
机房名称		机房面积(m^2)	

机房所处楼层/总楼层		防雷分区		雷电防护等级	

接地情况	接地勘察内容	防雷保护接地□　交流工作接地□　直流工作接地□　保护接地□　防静电接地□		
	是否存在独立地网	是□　否□	与防雷接地网间(m)	
	是否防静电接地	是□　否□	防静电接地形式	直流接地□　限流电阻□
等电位措施	等电位连接	是□　否□	连接网络形式	M型□　S型□　混合型□
	连接网络材料/规格		连接网络连接方式	焊接□　熔接□　压接□
	接地干线敷设方式		接地干线材料/规格	
	等电位端子位置		等电位端子材料/规格	
电源情况	机房供电制式		电源频率/电压	
	供电线路入户方式		供电线路屏蔽情况	
	UPS输出额定电压	220V□　380V□	PE线是否重复接地	是□　否□
	是否安装SPD保护	是□　否□	SPD保护级数	

屏蔽及布线	机房屏蔽	屏蔽方式	材料	网格尺寸	
		利用建筑物自身屏蔽			
		外加屏蔽网格			
		壳体屏蔽			
	信号线路	线路名称	入户方式	屏蔽情况	是否安装SPD
					是□　否□
					是□　否□
					是□　否□

雷击史	雷击时间				
	生命伤亡人数(人)				
	财产损失(万)				

勘察结论	

勘察人员：　　　　　　　　　　　　　　　　　　勘察时间：

加油站防雷工程勘察记录

编号：

<table>
<tr><td colspan="2">被勘察单位名称</td><td colspan="6"></td></tr>
<tr><td colspan="2">地　址</td><td colspan="6"></td></tr>
<tr><td colspan="2">联系人</td><td colspan="3"></td><td>联系电话</td><td colspan="2"></td></tr>
<tr><td colspan="2">加油站名称</td><td colspan="3"></td><td>防雷类别</td><td colspan="2">□一类□二类□三类</td></tr>
<tr><td rowspan="5">办公楼/管理站</td><td>接闪器安装位置</td><td></td><td colspan="2">接闪器类型</td><td colspan="3">□杆　□带　□线　□网
□屋面</td></tr>
<tr><td>引下线的敷设形式</td><td></td><td colspan="2">土壤电阻率</td><td colspan="3"></td></tr>
<tr><td>供配电系统</td><td></td><td colspan="2">低压线路敷设情况</td><td colspan="3"></td></tr>
<tr><td>金属管道敷设情况</td><td></td><td colspan="2">是否有信息系统</td><td colspan="3"></td></tr>
<tr><td>SPD 安装情况</td><td></td><td colspan="2">办公楼长宽高</td><td colspan="3"></td></tr>
<tr><td rowspan="3">油罐</td><td>爆炸危险区域</td><td></td><td colspan="2">油罐数量</td><td colspan="3"></td></tr>
<tr><td>油罐区接闪类型</td><td></td><td colspan="2">呼吸阀数量(个)</td><td colspan="3"></td></tr>
<tr><td>油罐埋地深度(m)</td><td></td><td colspan="2">金属油罐厚度(mm)</td><td colspan="3"></td></tr>
<tr><td rowspan="2">加油棚</td><td>接闪器安装位置</td><td>□棚顶
□其他</td><td colspan="2">接闪器类型</td><td colspan="3">□杆　□带　□线　□网
□屋面</td></tr>
<tr><td>柴油加油机数量(个)</td><td></td><td colspan="2">汽油加油机数量(个)</td><td colspan="3"></td></tr>
<tr><td>卸油区</td><td>防静电装置</td><td></td><td colspan="2">卸油点数量(个)</td><td colspan="3"></td></tr>
<tr><td rowspan="2">地网</td><td rowspan="2">是否共地
(办公楼、油罐、加油棚)</td><td></td><td colspan="2" rowspan="2">地网等效面积/
最大直径</td><td colspan="3"></td></tr>
<tr><td></td><td colspan="3"></td></tr>
<tr><td>外围</td><td>金属栏杆长度(m)</td><td></td><td colspan="2">高杆灯数量(个)</td><td colspan="3"></td></tr>
<tr><td rowspan="3">雷击史</td><td>雷击时间</td><td colspan="2"></td><td></td><td colspan="2"></td><td></td></tr>
<tr><td>生命伤亡人数(人)</td><td colspan="2"></td><td></td><td colspan="2"></td><td></td></tr>
<tr><td>财产损失(万)</td><td colspan="2"></td><td></td><td colspan="2"></td><td></td></tr>
<tr><td>勘察结论</td><td colspan="7"></td></tr>
</table>

勘察人员：　　　　　　　　　　　　　　　　　　　　勘察时间：

防雷工程合同示例

合同编号：__________

电涌保护器安装合同

甲方：______________________________

乙方：______________________________

依照《中华人民共和国合同法》及其他有关的法律、法规，遵循平等、自愿、公平和诚信原则，双方就______________________________工程施工事项协商一致，订立本合同。

一、工程概况：

工程名称：______________________________

工程地点：______________________________

二、施工范围和内容：

施工内容：______________________________

三、工期：______________________________

四、工程价款的支付：______________________________

乙方先为甲方提供工程预算，待工程施工完毕，经____________________验收合格，并提供有关数据和资料后结算，结算后1个月内付清。

五、责任和义务：

（一）甲方委派________________为工地代表，代表甲方协调管理现场包括技术、安全、联系、验收、工程结算等工作。

（二）乙方现场由________________为主要负责人，按合同约定组织现场施工。

（三）安全工作应执行《建设工程安全生产管理条例》规定，若出现各类违章作业事故，所发生的一切费用由乙方自理，并承担全部法律责任。

六、本合同一式四份，甲方一份，乙方一份，交主管部门一份，财务备案一份。

七、本合同双方如发生争议，经协商未果的，可向乙方所在地人民法院提起诉讼。

甲方：（章）　　　　　　　　乙方：（章）

代表签字：　　　　　　　　　代表签字：

联系电话：　　　　　　　　　联系电话：

年　月　日　　　　　　　　　年　月　日

合同编号：

（简易）防雷工程合同

甲方（全称）： 乙方（全称）：
单位地址： 单位地址：
电　　话： 电　　话：

依照《中华人民共和国合同法》及其他有关法律、行政法规，遵循平等、自愿、公平和诚实信用的原则，双方就____________________工程有关事项经协商一致，订立本合同。

1　工程概况

1.1　工程地点：______________________________

1.2　工程内容：______________________________

2　工程承包范围

乙方承担防雷工程的勘察设计、施工，并提供防雷工程中所需的全部防雷器件及有关辅助材料（见《预算清单》）。

3　防雷工程工期

3.1　防雷工程施工开工日期：________年________月________日。

3.2　防雷工程竣工日期：________年________月________日。

4　防雷工程质量标准

4.1　防雷工程勘察设计和施工质量标准符合《建筑物防雷设计规范》（GB50057—2010）《建筑物电子信息系统防雷技术规范》（GB50343—2012）。

5　防雷工程验收

防雷工程施工竣工后，经持有资质的防雷检测机构检测后，凭检测合格报告到领取《防雷装置验收合格证》。

6　防雷工程造价

6.1　合同预算总价款（人民币大写）____________________元。

7　拨款和结算方法

7.1　合同生效后3天内，甲方应向乙方支付____________________元作为定金（合同履行后，定金抵作勘察设计费、防雷器件及有关辅助材料费）。

7.2　防雷工程施工获颁《防雷装置合格证》之日起______天内，乙方向甲方递交竣工结算报告及完整的结算资料，甲方确认竣工结算报告后向乙方支付工程竣工结算价款。

8　质量保修范围和质量保证期

8.1　防雷工程交付之日起一年内，乙方提供____________出现质量问题或因雷击损坏，由乙方免费负责维修或更换；一年之后，提供有偿维修服务。

8.2　工程未经交付，甲方已经实际予以使用的，由此发生的质量问题及其他一切法律责任，由甲方承担。

9　双方相互协作事项

9.1　甲方工作：

9.1.1　指派__________负责与乙方联系，对防雷器件及有关辅助材料进行验收，对防雷工程勘察设计、施工的质量、进度进行监督检查。

9.1.2　根据乙方勘察设计和施工的实际需要，提供以下文件资料：（1）桩平面图；（2）基础平面图；（3）各层平面图；（4）天面平面图；（5）立面图；（6）四置图；（7）总配电图；（以上图纸共两套）等。

9.1.3　对乙方的勘察设计方案、报告书、文件、资料图纸、数据、特殊工艺（方法）、专利技术和合理化建议等负有保密义务，未经乙方同意，不得复制、泄露、擅自修改、向第三人转让或用于本合同外的项目。

9.1.4　本合同有关条款规定和补充协议中应付的其他责任。

9.2　乙方工作：

9.2.1　指派____负责与甲方联系，解决由乙方负责的各项事宜。

9.2.2　编制工程预算和决算。

9.2.3　按时提供经____市雷电防护技术中心审核合格的防雷装置设计图纸。

9.2.4　本合同有关条款规定和补充协议中应负的其他责任。

10　违约责任

10.1　甲方违约责任：

10.1.1　甲方未按照约定的时间和要求提供场地、资金、技术资料的或因甲方的原因致使防雷工程中途停建、缓建的，乙方可以顺延工程日期，并有权要求赔偿停工、窝工、倒运、机械设备调迁、材料和构件积压等损失。

10.1.2　甲方未办理任何手续，擅自同意拆改建筑物结构或设备管线，由此发生的损失或事故（包括罚款），由甲方负责并承担损失。

10.1.3　对约定的预付款，甲方不按约定预付，乙方在约定预付时间7天后向甲方发出要求预付的通知，甲方收到通知后仍不能按要求预付，乙方可在发出通知后7天停止勘察设计或施工作业，甲方应从约定应付之日起向乙方支付应付款的贷款利息，并承担违约责任。

10.1.4　甲方收到竣工结算报告及结算资料后28天内无正当理由不支付工程竣工结算价款，从第29天起按同期银行贷款利率向乙方支付拖欠工程价款的利息，并承担违约责任。

10.1.5 不履行合同义务或不按合同约定履行义务的其他情况。

10.2 乙方违约责任：

10.2.1 因乙方擅自变更设计发生的费用和由此导致甲方的直接损失，由乙方承担，延误的工期不予顺延。

10.2.2 因乙方原因致使勘察设计和施工质量不合格的，乙方承担违约责任。

10.2.3 工程竣工验收报告经甲方认可后28天内，乙方未能向甲方递交竣工结算报告及完整的结算资料，造成工程竣工结算不能正常进行或工程竣工结算价款不能及时支付，甲方要求交付工程的，乙方应当交付。

10.2.4 不履行合同义务或不按合同约定履行义务的其他情况。

11 合同的终止与解除

11.1 除本合同第八条（质量保修范围和质量保证期）外，甲方、乙方履行合同全部义务，竣工结算价款支付完毕，乙方向甲方交付竣工工程后，本合同即告终止。

11.2 合同的权利义务终止后，甲方乙方应当遵循诚实信用原则，履行通知、协助、保密等义务。

11.3 甲方、乙方协商一致，可以解除合同。

12 争议或纠纷处理

12.1 本合同在履行期间，双方发生争议时，可采取协商解决或请有关部门进行调解。

12.2 不愿通过协商、调解解决或者协商、调解不成而提起诉讼时，由乙方住所地人民法院管辖。

13 附则

13.1 《预算清单》是本合同不可分割的组成部分，与本合同具有同等法律效力。

13.2 双方经协商签订的其他补充协议，均为本合同的附件。

13.3 本合同及《预算清单》一式________份，双方各执________份，双方签字盖章后生效。

甲方（盖章）：　　　　　　　　　　乙方（盖章）：

法定代表人签字（委托代理人）：　　法定代表人签字（委托代理人）：

年　月　日　　　　　　　　　　　　年　月　日

合同编号：

防雷工程合同

发包人（全称）：________________

承包人（全称）：________________

依照《中华人民共和国合同法》及其他有关法律、行政法规，遵循平等、自愿、公平和诚实信用的原则，双方就__________防雷工程的施工事项经协商一致，订立本合同。

1　工程概况

1.1　工程名称：________________工程。

1.2　工程地点：________________

1.3　工程内容：________________

____

2　工程承包范围

2.1　承包方承担防雷工程的勘察设计、施工，并提供防雷工程中所需的全部防雷器件及有关辅助材料（见《预算清单》）。

3　防雷工程工期

3.1　发包人提交防雷工程勘察设计所需文件资料时间：______年______月______日。

3.2　防雷设施设计图纸交付时间：______年______月______日。

3.3　防雷工程施工开工日期：______年______月______日。

3.4　防雷工程竣工日期：______年______月______日。

4　防雷工程质量标准

4.1　防雷工程勘察设计和施工质量标准符合《建筑物防雷设计规范》（GB50057—2010）《建筑物电子信息系统防雷技术规范》（GB50343—2012）。

5　防雷工程验收

5.1　防雷装置设计图纸取得__________颁发的《防雷装置设计审核书》视为合同双方验收合格。

5.2 防雷装置竣工，经________________全面验收合格，取得颁发的《防雷装置合格证》视为合同双方验收合格。

6 防雷工程造价

6.1 合同预算总价款（人民币大写）________________元，其中：勘察设计费（人民币大写）________________元；全部防雷器件及有关辅助材料费________________元；施工费（人民币大写）：________________元。

7 拨款和结算方法

7.1 合同生效后3天内，发包人应向承包人支付________________元作为定金（合同履行后，定金抵作勘察设计费）。

7.2 全部防雷器件及有关辅助材料费________________元于约定的防雷工程施工之日期前7天一次付清。

7.3 防雷工程施工费首次预付________%，计________________元，时间应不迟于约定的防雷工程施工之日期前7天。防雷工程施工获颁《防雷装置合格证》之日起28天内，承包人向发包人递交竣工结算报告及完整的结算资料，进行工程竣工结算。

7.4 发包人收到承包人递交的竣工结算报告及结算资料后28天内进行核实，给予确认或者提出修改意见。发包人确认竣工结算报告后向承包人支付工程竣工结算价款。

7.5 承包人收到竣工结算价款后14天内将竣工工程交付发包人。

8 质量保修范围和质量保证期

8.1 防雷工程交付之日起一年内，承包方提供的______________________________

____

______________________________出现质量问题或因雷击产生损坏，由承包方免费负责维修或更换；一年之后，提供有偿维修服务。

8.2 工程未经交付，发包人已经实际予以使用的，由此发生的质量问题及其他一切法律责任，由发包人承担。

8.3 防雷工程中所使用的一切防雷器件，甲方不得擅自触摸、拆卸，否则责任自负。

8.4 防雷工程交付使用后，若甲方需更换或增设防雷保护对象，必须事先通知乙方，办理相关手续后，方可实施，否则由此引起的一切后果由甲方自行承担。

9 双方相互协作事项

9.1 发包人工作：

9.1.1 指派______________________________负责与承包人联系，对防雷器件及

有关辅助材料进行验收，对防雷工程勘察设计、施工的质量、进度进行监督检查。

9.1.2　根据承包人勘察设计和施工的实际需要，提供以下文件资料：（1）桩平面图；（2）基础平面图；（3）各层平面图；（4）天面平面图；（5）立面图；（6）四置图；（7）总配电图；（以上图纸共两套）（8）该建筑物地址＿＿＿＿＿＿＿＿＿＿＿＿＿＿＿＿＿＿＿＿＿＿＿＿＿等。

9.1.3　根据防雷工程的需要，涉及改变建筑物结构或设备管线等情形的，负责到有关部门办理相应审批手续。

9.1.4　勘察设计过程中的任何变更，经办理正式变更手续后，发包人应按实际发生的工作量支付勘察设计费。

9.1.5　办理防雷工程施工所涉及的施工许可证及其他施工所需证件、批件等手续。

9.1.6　在承包人向＿＿＿＿＿＿＿＿申办《防雷装置设计审核书》和《防雷装置合格证》时，发包人应尽到应有的协助义务，并支付申办过程中的一切费用。

9.1.7　承担＿＿＿＿＿＿＿＿的监督和分段检测费用。

9.1.8　组织承包人和其他单位进行防雷工程图纸会审和设计交底。

9.1.9　审定承包人提交的施工方案和进度计划，予以确认或提出修改意见，3 日内不确认也不提出书面意见的，视为同意。

9.1.10　应及时为承包人提供并解决勘察设计和施工中必需的工作条件，如向承包人提供施工所需的水、电、气及电信等设备，并说明使用注意事项。

9.1.11　若防雷施工现场需要看守，发包人应派人负责安全保卫工作，承担工程保管及一切意外责任。

9.1.12　要求比合同约定的工期提前时，应征得承包人同意，并支付承包人因赶工采取的措施费用。

9.1.13　对承包人的勘察设计方案、报告书、文件、资料图纸、数据、特殊工艺（方法）、专利技术和合理化建议等负有保密义务，未经承包人同意，不得复制、泄露、擅自修改、向第三人转让或用于本合同外的项目。

9.1.14　本合同有关条款规定和补充协议中应负的其他责任。

9.2　承包人工作：

9.2.1　指派＿＿＿＿＿＿＿＿负责与发包人联系，解决由承包人负责的各项事宜。

9.2.2　编制工程预算和决算。

9.2.3　按时提供经＿＿＿＿＿＿＿＿＿＿审核合格的防雷装置设计图纸。

9.2.4　参加发包人组织的施工图纸或作法说明的现场交底。

9.2.5　拟定施工方案和进度计划，交发包人审定。

9.2.6　施工中未经发包人同意或有关部门批准，不得随意拆改建筑物结构及各种设备管线。

9.2.7　严格按照图纸或作法说明进行施工，按照约定的竣工日期或顺延的工期竣工。

9.2.8　接受____________________的监督和分段检测。

9.2.9　在发包人的协助下，负责向____________________申办《防雷装置设计审核书》和《防雷装置合格证》。

9.2.10　在防雷工程现场工作的承包人的人员，遵守发包人的安全保卫及其他有关的规章制度，承担其有关资料保密义务。

9.2.11　本合同有关条款规定和补充协议中应负的其他责任。

10　违约责任

10.1　发包人违约责任：

10.1.1　发包人未按照约定的时间和要求提供场地、资金、技术资料的，承包人可以顺延工程日期，并有权要求赔偿停工、窝工等损失。

10.1.2　因发包人的原因致使防雷工程中途停建、缓建的，发包人应当采取措施弥补或者减少损失，赔偿承包人因此造成的停工、窝工、倒运、机械设备调迁、材料和构件积压等损失和实际费用。

10.1.3　因发包人变更计划，提供的资料不准确，或者未按照期限提供必需的勘察设计、施工条件而造成勘察、设计的返工、停工或者修改设计，发包人应当按照承包人实际消耗的工作量增付费用。

10.1.4　发包人未办理任何手续，擅自同意拆改建筑物结构或设备管线，由此发生的损失或事故（包括罚款），由发包人负责并承担损失。

10.1.5　对约定的预付款，发包人不按约定预付，承包人在约定预付时间7天后向发包人发出要求预付的通知，发包人收到通知后仍不能按要求预付，承包人可在发出通知后7天停止勘察设计或施工作业，发包人应从约定应付之日起向承包人支付应付款的贷款利息，并承担违约责任。

10.1.6　发包人收到竣工结算报告及结算资料后28天内无正当理由不支付工程竣工结算价款，从第29天起按同期银行贷款利率向承包人支付拖欠工程价款的利息，并承担违约责任。

10.1.7　不履行合同义务或不按合同约定履行义务的其他情况。

10.2　承包人违约责任：

10.2.1　因承包人擅自变更设计发生的费用和由此导致发包人的直接损失，由承包人承担，延误的工期不予顺延。

10.2.2　未经发包人同意，承包人擅自拆改原建筑物结构或设备管线，由此发生的损失或事故（包括罚款），由承包人负责并承担损失。

10.2.3　因承包人原因不能按照协议书约定的或顺延的竣工日期竣工的，承包人承担违约责任。

10.2.4　因承包人原因致使勘察设计和施工质量不合格的，承包人承担违约责任。

10.2.5 工程竣工验收报告经发包人认可后28天内，承包人未能向发包人递交竣工结算报告及完整的结算资料，造成工程竣工结算不能正常进行或工程竣工结算价款不能及时支付，发包人要求交付工程的，承包人应当交付。
10.2.6 不履行合同义务或不按合同约定履行义务的其他情况。

11 合同的终止与解除

11.1 除本合同第8条（质量保修范围和质量保证期）外，发包人、承包人履行合同全部义务，竣工结算价款支付完毕，承包人向发包人交付竣工工程后，本合同即告终止。
11.2 合同的权利义务终止后，发包人承包人应当遵循诚实信用原则，履行通知、协助、保密等义务。
11.3 发包人、承包人协商一致，可以解除合同。

12 争议或纠纷处理

12.1 本合同在履行期间，双方发生争议时，可采取协商解决或请有关部门进行调解。
12.2 不愿通过协商、调解解决或者协商、调解不成而提起诉讼时，由承包人住所地人民法院管辖。

13 附则

13.1 《预算清单》是本合同不可分割的组成部分，与本合同具有同等法律效力。
13.2 双方经协商签订的其他补充协议，均为本合同的附件。
13.3 本合同及《预算清单》一式________份，双方各执________份，双方签字盖章后生效。

发包人（盖章）：	承包人（盖章）：
法定代表人：	法定代表人：
委托代理人：	委托代理人：
单位地址：	单位地址：
电话：	电话：
传真：	传真：
邮政编码：	邮政编码：
开户银行：	开户银行：
户名：	户名：
账号：	账号：
年 月 日	年 月 日

防雷工程施工记录示例

防雷工程施工记录

编号：

<table>
<tr><td>工程名称</td><td colspan="2"></td><td>工程地点</td><td colspan="4"></td></tr>
<tr><td>建设单位</td><td colspan="2"></td><td>施工单位</td><td colspan="4"></td></tr>
<tr><td rowspan="2">监理单位</td><td colspan="2" rowspan="2"></td><td>天气状况</td><td>上午</td><td></td><td>下午</td><td></td></tr>
<tr><td>温度(℃)</td><td>上午</td><td></td><td>下午</td><td></td></tr>
<tr><td colspan="2">分部分工程名称</td><td colspan="6">当天施工部位及施工进度</td></tr>
<tr><td colspan="2"></td><td colspan="6"></td></tr>
<tr><td colspan="2"></td><td colspan="6"></td></tr>
<tr><td colspan="2"></td><td colspan="6"></td></tr>
<tr><td colspan="2"></td><td colspan="6"></td></tr>
<tr><td colspan="2"></td><td colspan="6"></td></tr>
<tr><td colspan="8">人工、设备使用情况：</td></tr>
<tr><td colspan="8">防雷产品的使用情况</td></tr>
<tr><td colspan="8">当天发生问题及处理情况</td></tr>
<tr><td colspan="8">存在问题急需解决的事项</td></tr>
<tr><td colspan="8">项目负责人审核意见(包括对存在问题的处理意见)</td></tr>
</table>

项目负责人：　　　　　　　　记录人：　　　　　　　　日　期：

第五章　雷电灾害调查、鉴定文书制作要求和样本

雷电灾害（lightning calamity）：由雷电造成的人员伤亡、火灾、爆炸或电气、电子系统等严重损毁，造成重大经济损失或重大社会影响。

雷电灾害调查（lightning calamity investigation）：在雷电灾害发生后，对事故现场情况、背景情况的勘察、取证、鉴定、评估以及做出结论的全过程。

雷电灾害鉴定（lightning calamity appraisal）：对事发现场调查得到的资料、数据和背景资料进行分析，对现场提取的物证进行测试，以确定事故的性质及等级。

调查原则：雷电灾害应遵循及时、科学、公正、完整的原则。

调查组织和调查程序：

1. 雷电灾害调查应由气象主管机构指定的专业防雷机构组成调查组或直接派出调查组负责实施。

2. 调查组人员应不少于三人，现场调查应不少于两人，调查组人员应具有较全面的雷电防护理论与较丰富的实践经验。需要时可聘请相关人员参加调查组。

3. 《雷电灾害调查仪器、设备表》参见附录四。

第一节　雷电灾害调查、鉴定工作流程图

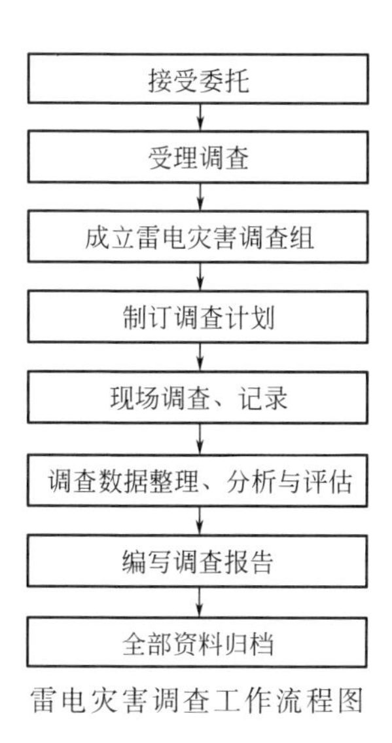

雷电灾害调查工作流程图

办理机构			
办理地址			
联系电话		联系人	

雷电灾害鉴定工作流程图

第二节　雷电灾害调查表

填写要求及注意事项

1. 报告时间：精确到分钟，格式××××年×月×日×时×分；

2. 来源方式：在某项上“√”表示，若不能用“√”表示，在第四项填写说明；

3. 来源详细名称：单位的要写清单位名称，媒体的要写清媒体名称，个人的要写个人姓名；

4. 来源联系方式：固定电话或手机号码；

5. 来源地址：单位的要具体到单位详细地址，个人的要详细到村或街道，以便对信息来源进行追踪；

6. 受灾单位（人）：单位受灾的要写清什么单位，个人的要记清名字；

7. 受灾时间：要求详细到分钟，格式××××年×月×日×时×分；

8. 受灾地点：受灾地点的详细位置，尽量填写详细，以便尽快组织人员到现场调查；

9. 受灾地联系电话：固定电话或手机号码，如实填写；

10. 雷电灾害情况：受灾主体（人、建（构）筑物、文物）情况，经济财产损失和人员伤亡情况，是否有火灾，对现场的尽量详细的描述；

11. 受理人：××市雷电防护技术中心受理记录人员签名；

12. 受理时间：精确到分钟，格式××××年×月×日×时×分。

第三节　雷电灾害调查、鉴定协议书

签订雷电灾害调查、鉴定协议。协议的内容要委托方与被委托方双方商定，要符合《中华人民共和国合同法》等有关法律、法规规定，遵循平等、自愿、公平和诚实信用原则，明确双方的责、权、利。此文书是必用文书。

制作要求和注意事项

1. 协议书编号格式为“市县简码＋工作性质简码＋年份＋三位顺序号”，如潍坊雷击灾害调查协议为“SDWFLJDC2010001”，参见附录三。

2. 甲方处填要求进行雷电灾害调查、鉴定单位（或个人）即委托单位（或委托人），乙方处填××市雷电防护技术中心。

3. 第一款填写甲方委托项目，如实填写。

4. 第四款检测费用一栏如实填写。

5. 协议书盖双方公章，代表人（法定代表人或委托代理人）签字，日期填写签约日期。

第四节　雷电受灾单位综合调查表

制作要求和注意事项

1. 台站名称：雷电灾害发生所在地的邻近气象台（站）。

2. 雷电发生时间：雷电发生时的日期及初始和终止时间，雷电移动的路径。

3. 雷灾地与台站距离：发生雷电灾害地点与邻近台站的水平距离，用GPS（全球定位系统）测得两地经纬度进行计算。

4. 气象技术人员描述：邻近气象台（站）当天值班观测员对雷暴天气的描述。

5. 闪电定位数据：闪电定位仪采集的闪电数据，包括雷电灾害发生的时间、位置、强度、极性等。

6. 天气雷达回波资料：查阅天气雷电回波图，受灾地是否在强回波带。

7. 卫星云图资料：查阅卫星云图，受灾地是否在云系覆盖下。

8. 大气电场数据：查阅大气电场仪数据，大气电场仪记录的电场强度、电场变化曲线、电场分布曲线、电荷分布的位置等数据。

9. 环境因素：环境因素需调查以下内容：

9.1　调查事发地半径1km范围内的环境因素；

9.2　调查事发地周围山脉、水体、植被的分布状况等自然环境状况；

9.3　调查事发地周围主要建筑物分布状况；电力、通信线路、金属管线、轨道等金属体的现实状况；

9.4　调查事发地地质状况包括：土壤、山脉岩质、地下矿藏、地下水等；

9.5　调查事发地影响电磁环境的状况包括：主要建筑物屋顶材质、无线电接收发射天线、地面覆盖铁质或其他金属材料、送变电设施等；

9.6　调查事发地周围大气烟尘等现实状况。

10. 历史因素：调查事发地及周边区域历史上及近年来雷击灾害资料，调查事发地的建筑物及相关设施等建设资料和历史变迁状况。

11. 建筑物因素：包括建筑物的结构（砖木、砖混、钢混、钢构）；外部防雷系统是否完善及布置形式；内部防雷系统是否完善及设置情况。

12. 外部防雷装置的调查检测表，等电位连接调查检测表，电涌保护器调查检测表各项填写说明参见附录一。

13. 电源供电质量和静电调查检测表填写说明。

13.1 供电质量检测

a）测试位置：测试位置一般应从主配电开始测量，位置填写：变压器低压输出端、综合楼总配、楼层分配、机房分配、UPS 输入端、UPS 输出端等；

b）接地形式：TN-C、TN-S、TN-C-S、TT、IT 中一种；

c）稳态电压偏移：220/380V 或其他供电，实际测量值与标准值间的偏差；

d）稳态频率偏移：一般采用 50Hz 系统，实际测量值与标准值间的偏差；

e）电压波形畸变：除去基波之外的其他 n 次谐波的有效值之和；

f）零地电压：零线与地线之间的电压差，用万用表测量或多功能电力质量分析仪得出。

13.2 静电检测

a）测试位置：一般选取容易积聚静电的位置进行检测。例如：机房内桌面、静电地板面等；

b）静电电位：用静电电位仪测量的具体静电电位；

c）表面电阻：用表面阻抗仪测量的具体表面电阻。

13.3 综合布线测量

依据综合布线要求，具体测量防雷引下线、保护地线、给排水管、压缩空气管、热力管、煤气管等于电子信息系统线缆的间距；电子信息系统线缆与电力线缆的净距；电子信息系统线缆与电气设备之间的净距。

第五节 野外雷电灾害现场调查记录表

制作要求和注意事项

1. 受灾单位（人）、联系人、灾害发生时间、联系地址、灾害发生地点、联系电话、邮政编码等信息如实填写；雷击点的位置尽量填写详细，以便尽快组织人员到现场调查。

2. 受灾现场简图（照片）：此简图（照片）要反映现场真实情况，特别要注重作为雷击事故判据的事实的采集，例如人员伤亡情况，是否有雷击点及雷电流泄出点等。

3. 周边环境状况简图（照片）：此简图（照片）要反映现场真实情况，特别要注重作为雷击事故判据的事物的采集，例如周围是否有高大的树木，是否在水塘边等。

4. 简要说明：图片不能包含但有必要说明的事项。

第六节　雷电灾害调查报告

制作要求和注意事项

1. 调查报告编号“鲁雷灾字［　　］第　　号”中第一个空格填市县名称缩写（参见附录三表一），中括号内填写年份，随后填写三位顺序号。

2. 雷电灾害一般应分为由雷电直接造成的灾害和因雷电诱发的灾害。

3. 灾害损失情况：根据受灾情况确定雷电灾害等级，雷电灾害的等级分为 A，B，C，D 四级。

A 级灾害：雷击造成人员死亡、爆炸起火、重要信息系统瘫痪、为公众服务系统瘫痪、企业全面停产，造成经济损失百万元以上或造成重大社会影响。

B 级灾害：雷击造成建筑物局部受损，部分设备损坏造成部分通信、网络中断，企业局部停产经济损失在 20 万～100 万元之间。

C 级灾害：雷击造成少部分设备损坏，经济损失在 20 万元以下。

D 级灾害：雷击造成轻度损害，经济损失在 1 万元以下。

4. 调查资料分析：根据气象因素、环境因素、历史因素、建筑物因素的情况分析；根据检测资料（包括外部防雷装置检测、屏蔽效率检测、等电位连接检测、SPD 安装检测、电源质量、静电检测和综合布线检测）等情况的分析。

5. 灾害认定结论：确定灾害调查的结论，包括是、不是、不能确定三种结论。

6. 调查评估报告

评估报告应客观、完整、科学、公正，包括以下主要内容：

6.1. 雷电灾害的报告人（单位）、接报人（单位）、调查组的组成人员；调查报告的撰稿人、核稿人、签发人。

6.2. 雷电灾害发生的具体时间、详细地点、受灾单位（人）、灾害形式、损失情况、灾害等级。

6.3. 调查内容要求方法中规定的全部资料。

6.4. 检测、检查、鉴定的测试技术报告。

6.5. 相关鉴定、分析技术报告。

6.6. 评估意见、整改意见。

雷电灾害调查受理表示例

雷电灾害调查受理表

<table>
<tr><td rowspan="5">信息来源</td><td>报告时间</td><td></td></tr>
<tr><td>来源方式</td><td>1. 媒体　2. 个人　3. 单位　4. 其他________________</td></tr>
<tr><td>来源详细名称</td><td></td></tr>
<tr><td>来源联系方式</td><td></td></tr>
<tr><td>来源地址</td><td></td></tr>
<tr><td rowspan="5">报告的雷电灾害情况</td><td>受灾单位(人)</td><td></td></tr>
<tr><td>受灾时间</td><td></td></tr>
<tr><td>受灾地点</td><td></td></tr>
<tr><td>受灾地联系电话</td><td></td></tr>
<tr><td colspan="2">雷电灾害情况：</td></tr>
<tr><td colspan="2">受理人</td><td></td></tr>
<tr><td colspan="2">受理时间</td><td></td></tr>
</table>

雷电灾害调查、鉴定协议书示例

NO：

雷电灾害调查、鉴定协议书

甲方：

乙方：

根据《中华人民共和国合同法》《中华人民共和国气象法》《山东省气象灾害防御条例》《防雷减灾管理办法》等有关法律、法规，遵循平等、自愿、公平和诚实信用的原则，双方达成如下协议：

一、甲方申请雷电灾害调查、鉴定项目

二、甲方责任

据实提供本次雷电灾害调查有关资料并安排相关人员配合调查工作。

三、乙方责任

（一）按照《雷电灾害调查技术规范》（QX/T 103—2009）等标准对本协议第一款中的项目进行调查。

（二）在调查完毕后五个工作日内出具雷电灾害调查、鉴定报告。

四、服务收费及结算办法

经双方协商，本项服务收费为人民币（大写）____________________元（￥______________）整，在出具鉴定报告之日甲方一次性给付乙方。

五、违约责任

（一）甲方未按时向乙方支付服务费，每拖延一天，甲方应向乙方支付服务费总额5‰的违约金。

（二）因乙方原因未按时向甲方出具鉴定报告，每拖延一天乙方应向甲方支付服务费总额5‰的违约金。

六、本协议未尽事宜，双方协商解决，可签订补充协议，补充协议与本协议具有同等法律效力。协议发生争议时，双方应协商解决，协商不成的，可向有关机构申请仲裁或向双方所在地人民法院提起诉讼。

七、本协议一式肆份，双方各执两份。经双方签字盖章后生效。

甲　　方：　　　　　　　　乙　　方：

（公　章）　　　　　　　　（公　章）

地　　址：　　　　　　　　地　　址：

代表人　：	代表人：
电　　话：	电　　话：
传　　真：	传　　真：
开户银行：	开户银行：
账　　号：	账　　号：
邮政编码：	邮政编码：
日　　期：　　年　　月　　日	日　　期：　　年　　月　　日

雷电受灾单位综合调查表示例

雷电受灾单位综合调查表

第　页　共　页

<table>
<tr><td rowspan="9">气象因素</td><td colspan="2">台站名称</td><td colspan="6"></td></tr>
<tr><td rowspan="2">雷电发生时间</td><td>初始</td><td colspan="6"></td></tr>
<tr><td>终止</td><td colspan="6"></td></tr>
<tr><td colspan="2">雷灾地与台站距离</td><td colspan="6"></td></tr>
<tr><td colspan="2">气象技术人员描述</td><td colspan="6"></td></tr>
<tr><td colspan="2">闪电定位数据</td><td colspan="6"></td></tr>
<tr><td colspan="2">天气雷达回波资料</td><td colspan="6"></td></tr>
<tr><td colspan="2">卫星云图资料</td><td colspan="6"></td></tr>
<tr><td colspan="2">大气电场数据</td><td colspan="6"></td></tr>
<tr><td rowspan="3">环境因素</td><td colspan="2">山脉、河流、湖泊、植被分布</td><td colspan="6"></td></tr>
<tr><td colspan="2">建筑物分布</td><td colspan="6"></td></tr>
<tr><td colspan="2">电磁环境</td><td colspan="6"></td></tr>
<tr><td rowspan="2">历史因素</td><td colspan="2">雷击史</td><td colspan="6"></td></tr>
<tr><td colspan="2">建筑物使用变化史</td><td colspan="6"></td></tr>
<tr><td rowspan="3">建筑物因素</td><td colspan="2">结构状况</td><td colspan="6"></td></tr>
<tr><td colspan="2">外部防雷系统</td><td colspan="6"></td></tr>
<tr><td colspan="2">内部防雷系统</td><td colspan="6"></td></tr>
<tr><td>备注</td><td colspan="8"></td></tr>
<tr><td>调查人</td><td></td><td>复核人</td><td></td><td>负责人</td><td></td><td>日期</td><td></td><td></td></tr>
</table>

外部防雷装置的调查检测表

第　页　共　页

<table>
<tr><td rowspan="7">接闪器（一）</td><td colspan="2">形式（杆、带、线、网以及金属屋面、金属构件）</td><td colspan="10"></td></tr>
<tr><td colspan="2">架设高度及位置</td><td colspan="10"></td></tr>
<tr><td rowspan="5">检查</td><td>材料</td><td colspan="4"></td><td colspan="2">规格尺寸</td><td colspan="4"></td></tr>
<tr><td>安装</td><td colspan="10"></td></tr>
<tr><td>电气连接方式</td><td colspan="10"></td></tr>
<tr><td>安全距离</td><td colspan="10"></td></tr>
<tr><td>保护范围</td><td colspan="10"></td></tr>
<tr><td rowspan="7">接闪器（二）</td><td colspan="2">形式（杆、带、线、网以及金属屋面、金属构件）</td><td colspan="10"></td></tr>
<tr><td colspan="2">架设高度及位置</td><td colspan="10"></td></tr>
<tr><td rowspan="5">检查</td><td>材料</td><td colspan="4"></td><td colspan="2">规格尺寸</td><td colspan="4"></td></tr>
<tr><td>安装</td><td colspan="10"></td></tr>
<tr><td>电气连接方式</td><td colspan="10"></td></tr>
<tr><td>安全距离</td><td colspan="10"></td></tr>
<tr><td>保护范围</td><td colspan="10"></td></tr>
<tr><td rowspan="15">引下线</td><td colspan="2">形式（明、暗敷）</td><td colspan="10"></td></tr>
<tr><td colspan="2">主材及规格尺寸</td><td colspan="10"></td></tr>
<tr><td colspan="2">引下线根数及间距</td><td colspan="10"></td></tr>
<tr><td colspan="2">断接卡及保护措施</td><td colspan="10"></td></tr>
<tr><td colspan="2">安装情况检查</td><td colspan="10"></td></tr>
<tr><td colspan="12">引下线各测点工频接地电阻值测量</td></tr>
<tr><td colspan="2">测点编号</td><td>1</td><td>2</td><td>3</td><td>4</td><td>5</td><td>6</td><td>7</td><td>8</td><td>9</td><td>10</td></tr>
<tr><td colspan="2">工频电阻（Ω）</td><td></td><td></td><td></td><td></td><td></td><td></td><td></td><td></td><td></td><td></td></tr>
<tr><td colspan="2">冲击阻抗</td><td></td><td></td><td></td><td></td><td></td><td></td><td></td><td></td><td></td><td></td></tr>
<tr><td colspan="2">测点编号</td><td>11</td><td>12</td><td>13</td><td>14</td><td>15</td><td>16</td><td>17</td><td>18</td><td>19</td><td>20</td></tr>
<tr><td colspan="2">工频电阻（Ω）</td><td></td><td></td><td></td><td></td><td></td><td></td><td></td><td></td><td></td><td></td></tr>
<tr><td colspan="2">冲击阻抗</td><td></td><td></td><td></td><td></td><td></td><td></td><td></td><td></td><td></td><td></td></tr>
<tr><td colspan="2">测点编号</td><td>21</td><td>22</td><td>23</td><td>24</td><td>25</td><td>26</td><td>27</td><td>28</td><td>29</td><td>30</td></tr>
<tr><td colspan="2">工频电阻（Ω）</td><td></td><td></td><td></td><td></td><td></td><td></td><td></td><td></td><td></td><td></td></tr>
<tr><td colspan="2">冲击阻抗</td><td></td><td></td><td></td><td></td><td></td><td></td><td></td><td></td><td></td><td></td></tr>
<tr><td>备注</td><td colspan="12"></td></tr>
</table>

外部防雷装置的调查检测表（续1）

第　页　共　页

接地装置	分项	项目						
	土壤电阻率	土壤性质(构造)						
		土壤电阻率估算值						
		测试深度和方法						
		测试值						
		季节修正系数			修正值			
	独立地检测	测点编号	1	2	3	4	5	6
		空气中距离/Sa1						
		地中距离/Se1						
		接地工频电阻						
		接地冲击电阻/Ri						
		被保护物高度/hx						
		合格判定						
	架空金属管道接地电阻值							
	架空线金具接地电阻值							
	两相邻接地装置电气连接							
	共用接地系统检测	共用地网的组成						
		第一地网构成					地阻值	
		第二地网构成					地阻值	
		第三地网构成					地阻值	
	人工接地体的检测	人工水平接地体构成						
		人工垂直接地体构成						
		防跨步电压措施						

分项	项目										
工频接地电阻与冲击接地电阻换算	测量编号	1	2	3	4	5	6	7	8	9	10
	工频电阻										
	冲击阻抗										
	测点编号	11	12	13	14	15	16	17	18	19	20
	工频电阻										
	冲击阻抗										
	测点编号	21	22	23	24	25	26	27	28	29	30
	工频电阻										
	冲击阻抗										
备注											

外部防雷装置的调查检测表（续2）

第　页　共　页

<table>
<tr><td rowspan="5">防侧击装置</td><td colspan="3">均压环的构成形式</td><td colspan="2"></td></tr>
<tr><td colspan="3">均压环的间距/m</td><td colspan="2"></td></tr>
<tr><td colspan="3">钢构架和主钢筋的连接</td><td colspan="2"></td></tr>
<tr><td colspan="3">外墙栏杆、金属门窗和主钢筋的连接</td><td colspan="2"></td></tr>
<tr><td colspan="3">幕墙、广告牌和主钢筋的连接</td><td colspan="2"></td></tr>
<tr><td rowspan="13">检测仪器设备</td><td>编号</td><td>仪器名称</td><td>仪器型号</td><td>仪器号</td><td>仪器检定有限期</td></tr>
<tr><td>1</td><td></td><td></td><td></td><td></td></tr>
<tr><td>2</td><td></td><td></td><td></td><td></td></tr>
<tr><td>3</td><td></td><td></td><td></td><td></td></tr>
<tr><td>4</td><td></td><td></td><td></td><td></td></tr>
<tr><td>5</td><td></td><td></td><td></td><td></td></tr>
<tr><td>6</td><td></td><td></td><td></td><td></td></tr>
<tr><td>7</td><td></td><td></td><td></td><td></td></tr>
<tr><td>8</td><td></td><td></td><td></td><td></td></tr>
<tr><td>9</td><td></td><td></td><td></td><td></td></tr>
<tr><td>10</td><td></td><td></td><td></td><td></td></tr>
<tr><td>11</td><td></td><td></td><td></td><td></td></tr>
<tr><td>12</td><td></td><td></td><td></td><td></td></tr>
<tr><td>外部防雷装置检测综评</td><td colspan="5"></td></tr>
</table>

检测人		复核人		负责人		日期	

等电位连接调查检测表

第　页　共　页

<table>
<tr><td rowspan="13">大尺寸金属物连接</td><td>序号</td><td>连接物名称</td><td>外观检查</td><td>连接导体的材料和尺寸</td><td>连接过渡电阻值/Ω</td></tr>
<tr><td>1</td><td></td><td></td><td></td><td></td></tr>
<tr><td>2</td><td></td><td></td><td></td><td></td></tr>
<tr><td>3</td><td></td><td></td><td></td><td></td></tr>
<tr><td>4</td><td></td><td></td><td></td><td></td></tr>
<tr><td>5</td><td></td><td></td><td></td><td></td></tr>
<tr><td>6</td><td></td><td></td><td></td><td></td></tr>
<tr><td>7</td><td></td><td></td><td></td><td></td></tr>
<tr><td>8</td><td></td><td></td><td></td><td></td></tr>
<tr><td>9</td><td></td><td></td><td></td><td></td></tr>
<tr><td>10</td><td></td><td></td><td></td><td></td></tr>
<tr><td>11</td><td></td><td></td><td></td><td></td></tr>
<tr><td>12</td><td></td><td></td><td></td><td></td></tr>
<tr><td rowspan="9">平行敷设长金属物连接</td><td>序号</td><td>长金属物名称和净距</td><td>跨接状况</td><td>跨接导体的材料和尺寸</td><td>跨接过渡电阻值/Ω</td></tr>
<tr><td>1</td><td></td><td></td><td></td><td></td></tr>
<tr><td>2</td><td></td><td></td><td></td><td></td></tr>
<tr><td>3</td><td></td><td></td><td></td><td></td></tr>
<tr><td>4</td><td></td><td></td><td></td><td></td></tr>
<tr><td>5</td><td></td><td></td><td></td><td></td></tr>
<tr><td>6</td><td></td><td></td><td></td><td></td></tr>
<tr><td>7</td><td></td><td></td><td></td><td></td></tr>
<tr><td>8</td><td></td><td></td><td></td><td></td></tr>
<tr><td rowspan="9">长金属物的弯头等连接</td><td>序号</td><td>检查对象名称及位置</td><td>螺栓根数</td><td>跨接导体的材料和尺寸</td><td>跨接过渡电阻值/Ω</td></tr>
<tr><td>1</td><td></td><td></td><td></td><td></td></tr>
<tr><td>2</td><td></td><td></td><td></td><td></td></tr>
<tr><td>3</td><td></td><td></td><td></td><td></td></tr>
<tr><td>4</td><td></td><td></td><td></td><td></td></tr>
<tr><td>5</td><td></td><td></td><td></td><td></td></tr>
<tr><td>6</td><td></td><td></td><td></td><td></td></tr>
<tr><td>7</td><td></td><td></td><td></td><td></td></tr>
<tr><td>8</td><td></td><td></td><td></td><td></td></tr>
</table>

等电位连接调查检测表（续表）

第　页　共　页

<table>
<tr><td rowspan="7">LPZ₀
与
LPZ₁
连接</td><td colspan="2">序号</td><td>连接物名称和位置</td><td colspan="2">外观检测</td><td colspan="3">连接导体的材料和尺寸</td><td colspan="3">连接过渡电阻/Ω</td></tr>
<tr><td colspan="2">1</td><td></td><td colspan="2"></td><td colspan="3"></td><td colspan="3"></td></tr>
<tr><td colspan="2">2</td><td></td><td colspan="2"></td><td colspan="3"></td><td colspan="3"></td></tr>
<tr><td colspan="2">3</td><td></td><td colspan="2"></td><td colspan="3"></td><td colspan="3"></td></tr>
<tr><td colspan="2">4</td><td></td><td colspan="2"></td><td colspan="3"></td><td colspan="3"></td></tr>
<tr><td colspan="2">5</td><td></td><td colspan="2"></td><td colspan="3"></td><td colspan="3"></td></tr>
<tr><td colspan="2">6</td><td></td><td colspan="2"></td><td colspan="3"></td><td colspan="3"></td></tr>
<tr><td rowspan="6">LPZ₁
与
LPZ₂
连接</td><td colspan="2">序号</td><td>连接物名称和位置</td><td colspan="2">外观检测</td><td colspan="3">连接导体的材料和尺寸</td><td colspan="3">连接过渡电阻/Ω</td></tr>
<tr><td colspan="2">1</td><td></td><td colspan="2"></td><td colspan="3"></td><td colspan="3"></td></tr>
<tr><td colspan="2">2</td><td></td><td colspan="2"></td><td colspan="3"></td><td colspan="3"></td></tr>
<tr><td colspan="2">3</td><td></td><td colspan="2"></td><td colspan="3"></td><td colspan="3"></td></tr>
<tr><td colspan="2">4</td><td></td><td colspan="2"></td><td colspan="3"></td><td colspan="3"></td></tr>
<tr><td colspan="2">5</td><td></td><td colspan="2"></td><td colspan="3"></td><td colspan="3"></td></tr>
</table>

<table>
<tr><td rowspan="8">信息系统连接</td><td colspan="2">信息设备(机房)概况：</td><td colspan="10"></td></tr>
<tr><td colspan="2">星型结构(S型)概况：</td><td colspan="10"></td></tr>
<tr><td colspan="2">星型结构检查</td><td colspan="10"></td></tr>
<tr><td rowspan="5">网型结构检查</td><td>网格尺寸/m</td><td colspan="5"></td><td colspan="3">材料和尺寸</td><td colspan="2"></td></tr>
<tr><td>连接点序号</td><td>1</td><td>2</td><td>3</td><td>4</td><td>5</td><td>6</td><td>7</td><td>8</td><td>9</td><td>10</td></tr>
<tr><td>相邻点间距/m</td><td></td><td></td><td></td><td></td><td></td><td></td><td></td><td></td><td></td><td></td></tr>
<tr><td>连接过渡电阻/Ω</td><td></td><td></td><td></td><td></td><td></td><td></td><td></td><td></td><td></td><td></td></tr>
<tr><td>设备连接电阻/Ω</td><td></td><td></td><td></td><td></td><td></td><td></td><td></td><td></td><td></td><td></td></tr>
<tr><td>备注</td><td colspan="11"></td></tr>
</table>

检测人		复核人		负责人		日期	

电涌保护器（SPD）调查检测表

第　页 共　页

连接至低压配电系统的 SPD 检测										
级别	第一级		第二级				第三级			
编号	1	2	1	2	3	4	1	2	3	4
安装位置										
产品型号										
安装数量										
U_c 标称值(V)										
电流 $Iimp$(KA)										
电流 In(KA)										
Up 标称值(KV)										
绝缘电阻测试(MΩ)										
I_{ie} 测试值										
U_{LmA} 测试值										
状态指示器										
引线长度										
连线色标										
连线截面/mm^2										
过渡电阻/mΩ										

检测人		复核人		负责人		日期	

电涌保护器（SPD）调查检测表（续表）

第　页　共　页

连接至电信和信号网络的SPD检测								
编　号	1	2	3	4	5	6	7	8
安装位置								
产品型号								
安装数量								
Uc 标称值(V)								
电流 I_{imp} 或 I_n(KA)								
Up 标称值(KV)								
绝缘电阻值(MΩ)								
I_{ie} 测试值(μA)								
U_{1mA} 测试值(V)								
引线长度(m)								
连线色标								
连线截面/mm^2								
过渡电阻/mΩ								
标称频率范围								
线路对数								
插入损耗(db)								
备注								

检测人		复核人		负责人		日期	

电源供电质量和静电调查检测表

第　页　共　页

供电质量检测	测点编号	1	2	3	4
	测试位置				
	接地形式				
	稳态电压偏移				
	稳态频率偏移				
	电压波形畸变				
	零地电压				
静电检测	测点编号	1	2	3	4
	测试位置				
	静电电位				
	表面电阻				

综合布线最小净距测量：

检测仪器设备	编号	仪器名称	仪器型号	仪器号	仪器检定有限期
	1				
	2				
	3				
	4				

检测评价：

检测人		复核人		负责人		日期	

雷电灾害调查检测综合评定表

第　页　共　页

<table>
<tr><td>单位名称</td><td></td><td>地址</td><td></td></tr>
<tr><td>联系部门</td><td></td><td>联系人</td><td></td></tr>
<tr><td>联系电话</td><td></td><td>邮编</td><td></td></tr>
<tr><td colspan="4">外部防雷装置检测综评：</td></tr>
<tr><td colspan="4">屏蔽效率检测综评：</td></tr>
<tr><td colspan="4">等电位连接检测综评：</td></tr>
<tr><td colspan="4">SPD 安装检测综评：</td></tr>
<tr><td colspan="4">电源质量、静电检测和综合布线检测综评：</td></tr>
<tr><td colspan="4">总评：　　　　年　月　日　（公章）</td></tr>
</table>

检测人		复核人		负责人		日期	

野外雷电灾害现场调查记录表示例

野外雷电灾害现场调查记录表

第　页　共　页

受灾单位(人)		联系人	
灾害发生时间		联系地址	
灾害发生地点		联系电话	
雷击点的位置		邮政编码	

受灾现场简图：

周边环境状况简图：

简要说明：

调查人		复核人		负责人		日期	

雷电灾害调查报告示例

×雷灾字［××××］第×××号

雷电灾害调查报告

事件名称 ________________________

委托单位 ________________________

××××××

声　　明

1. 本报告无调查单位盖章无效，页多时未盖骑缝章无效。

2. 不得部分复制本报告，复制本报告未重新加盖调查单位章无效。

3. 本报告无调查组长、签发人签字无效。

4. 本报告涂改无效。

5. 对本报告若有异议，应于收到报告之日起十五个工作日内向本中心提出，逾期不予受理。

6. 本报告仅对所委托的调查事件有效。

单位地址：
联系电话：
传真电话：
电子信箱：
邮政编码：

第　页　共　页

<table>
<tr><td>灾害事件名称</td><td colspan="4"></td></tr>
<tr><td>灾害发生地点</td><td colspan="4"></td></tr>
<tr><td>灾害发生时间</td><td colspan="4"></td></tr>
<tr><td>受灾单位(人)</td><td colspan="4"></td></tr>
<tr><td>联系人</td><td></td><td>联系电话</td><td colspan="2"></td></tr>
<tr><td>受灾单位地址</td><td colspan="2"></td><td>邮政编码</td><td></td></tr>
<tr><td>委托单位名称</td><td colspan="4"></td></tr>
<tr><td>联系人</td><td></td><td>联系电话</td><td colspan="2"></td></tr>
<tr><td>委托单位地址</td><td colspan="2"></td><td>邮政编码</td><td></td></tr>
<tr><td colspan="5">一、报案及受理基本情况</td></tr>
</table>

二、灾害调查经过
三、灾害损失情况
四、调查资料分析

第　页　共　页

五、灾害鉴定结论	
六、雷电灾害防范措施建议	
备注	

签发人：　　　　　　调查组长：　　　　　　调查单位：（盖章）

签发日期：　　年　月　日

第六章　防雷行政许可文书制作要求和范本

第一节　防雷装置设计审核文书

填写要求及注意事项

1. “项目编号：鲁（　　）雷（评）补字［　　］第　　号”“项目编号：（　　）雷审字［　　］第　　号”“项目编号：（　　）雷初审字［　　］第　　号”中第一个括号填市县名称缩写（参见附录三表一），中括号内填写年份，随后空格处填写三位顺序号。

2. 申请（建设）单位名称、联系电话、联系人、传真、手机、建设项目名称、建设项目地址、设计单位名称、联系人、联系电话、建设规模等内容如实填写。

3. 建设项目使用性质填写工业或民用。

4. 其他栏目如实填写。

第二节　防雷装置竣工验收文书

填写要求及注意事项

1. 防雷装置实行竣工验收制度。申请单位应当向许可机构提出申请，填写《防雷装置竣工验收申请书》；

2. 建设项目名称、建设项目地址、建设单位、设计单位、监理单位、施工单位联系人、联系电话、邮政编码等信息如实填写；

3. 工程概况信息如实填写；

4. 其他信息如实填写；

5. 《防雷装置验收合格证》是防雷项目已按规定经过验收并验收合格的凭证。适用于目前山东省已开展的新、扩、改建（构）筑物，易燃易爆场所，弱电、信息系统，石油、液化气、天然气、化工场所，电力与用电以及其他场所的防雷检测项目；

6．“项目编号：（　　）雷验字［　　］第　号”中第一个括号填市县名称缩写（参见附录三表一），中括号内填写年份，随后填写顺序号。

第三节　雷电防护检测资质申请文书

填写要求

1．单位名称：填写申办单位全称。企业应填写企业法人登记主管机关核准的名称。

2．填报人、填报日期如实填写。

3．法定代表人：企业填写营业执照上的法定代表人或负责人的姓名。

4．经济性质：按照国家统计局、国家工商局国统字（1992）344号《印发〈关于经济类型的暂行规定〉的通知》的规定填写所属类别和代码。

5．单位地址、通信地址、联系电话、邮政编码、申请防雷装置检测资质等级、从事防雷装置检测时间等信息按照《雷电防护装置检测资质管理办法》相关要求如实填写。

6．本单位专业技术人员数量（高工、工程师、助工、技术员、技工）数量按照《雷电防护装置检测资质管理办法》第二章要求如实填写。

7．单位概况应包括申请单位的成立日期、主营项目、经营状况，应侧重突出雷电防护检测方面所具备的相关能力、业绩、条件等。如申请单位相关情况与其成立前身有关，还需说明申请单位的前身和历史沿革等情况。

8．根据《雷电防护装置检测资质管理办法》第二十四条“任何单位不得以欺骗、弄虚作假等手段取得资质，不得伪造、涂改、出租、出借、挂靠、转让《防雷装置检测资质证》”要求，申请单位对提交的申请材料的真实性负责，承担因提供不真实材料而产生的法律后果。

9．其他信息由材料受理及审批部门填写。

防雷装置设计审核文书示例

防雷装置设计审核申报表

（初步设计）

<table>
<tr><td rowspan="2">申请单位
名称（公章）</td><td rowspan="2"></td><td>联系电话</td><td></td><td>传真</td><td></td></tr>
<tr><td>联系人</td><td></td><td>手机</td><td></td></tr>
<tr><td>项目名称</td><td colspan="5"></td></tr>
<tr><td>项目地址</td><td colspan="5"></td></tr>
<tr><td>设计单位名称</td><td></td><td>联系人</td><td></td><td>联系电话</td><td></td></tr>
<tr><td>建设规模</td><td colspan="5">建筑单体______栋（座）；总建筑面积______平方米；最高建筑高度______米；总占地面积______平方米。</td></tr>
<tr><td>建设项目
使用性质</td><td colspan="5"></td></tr>
<tr><td colspan="6">送审资料：
1.《防雷装置设计审核申请书》；
2. 总规划平面图；
3. 设计单位和人员资质、资格证书的复印件；
4. 初步设计说明书（包括：气象资料、设计依据、计算公式、直击雷防护措施、雷击电磁脉冲防护措施、防雷产品选型等）及初步设计图纸（包括：接地平面图、接闪器布置平面图、SPD设计示意图、建筑图、结构图等）；
5. 建筑、结构、消防、空调、给排水、强电、弱电等初步设计资料。
申请单位应将送审资料按统一规格装订成册，连同本表送主管机构审核。</td></tr>
<tr><td colspan="6">送审资料还缺第　　　　项，请尽快补齐。
经办人：　　　　年　　月　　日</td></tr>
<tr><td colspan="6">送审资料齐备，同意报审。项目编号：（　　）雷初审字[　　]第　　号。
经办人：　　　　年　　月　　日</td></tr>
</table>

填表时间：　　　　年　　月　　日

防雷装置设计审核申报表

（施工图设计）

申请单位名称（公章）		联系电话		传真	
		联系人		手机	
项目名称		预计开工时间			
项目地址		预计竣工时间			
设计单位名称		联系人		联系电话	

建筑物名称	结构类型（见说明二）	层数（层）	高度（米）	建筑面积（平方米）	使用类别（见说明三）	电源情况（见说明四）	土壤情况（见说明五）	防雷图号

项目简要说明	

说明

一、送审资料：

1.《防雷装置设计审核申请书》；

2. 设计单位和人员资质、资格证书的复印件；

3. 防雷装置施工图设计说明书、施工图设计图纸两套及其电子文档；

4. 经规划部门批准的总平面图各两套(原件或复印件,复印件需加盖建设单位公章)；

5. 建筑施工图及其电子文档；

6. 结构施工图；

7. 其他与防雷建设有关的施工图(水、电、消防、煤气、金属构架大样、SPD 安装等)；

8. 工业建筑物应有生产工艺流程图、物料存储方式、危险品场所分布等资料；

9. 储罐材质、壁厚、储存物形态、储存工作压力数据等资料；

10. 防雷产品相关资料；

11. 经过初步设计的,提交《防雷装置初步设计核准书》；

12. 经当地气象主管机构认可的防雷专业技术机构出具的有关技术评价意见。

申请单位应将送审资料按统一规格装订成册,连同本表送主管机构审核。

二、结构类型填写：A、砖木；B、混合；C、钢筋混凝土；D、钢结构

三、使用类别填写：

A1. 甲类厂房、仓库　B1. 教育、医疗、科研、体育馆　C1. 高级综合建筑　D1. 一般综合建筑

A2. 乙类厂房、仓库　B2. 影剧院、会堂、俱乐部、旅游　C2. 高层住宅　D2. 住宅、公寓

A3. 丙类仓库　B3. 金融、商业、宾招、娱乐场所　C3. 大型厂房、丙类厂房　D3. 一般厂房、仓库

A4. 油、气罐站(区)、锅炉房　B4. 交通、通信、供水、供电、供气　C4. 特殊地形建筑物　D4. 其他

四、电源情况填写：A. 架空进线　B. 自设变配电室　C. 埋地进线

五、土壤情况填写：A. 岩石　B. 坚土　C. 普通土　D. 软土

送审资料,还缺第＿＿＿＿＿＿项,请尽快补齐。

经办人：　　　　　　年　　月　　日

送审资料齐备,同意报审。编号：(　　　)雷审字[　　　]第　　　号。

经办人：　　　　　　年　　月　　日

填表时间：　　　　年　　月　　日

防雷装置设计审核

申 请 书

申请单位（公章）：________________

申请项目：________________

设计阶段：初步设计/施工图设计

申请日期：______年______月______日

项项目情况	名称			
	地址			
	建设规模	建筑单体______栋(座);总建筑面积______平方米; 最高建筑高度______米;总占地面积______平方米。		
	使用性质			
建建设单位	名称			
	地址		邮政编码	
	联系人		联系电话	
设设计单位	名称			
	地址		邮政编码	
	资质证编号		资质等级	
	资格证编号		联系电话	

易燃易爆品、化学危险品情况					
品　　名	数量(吨/年)				
	生产	使用	储存	运输	经营

<table>
<tr><td colspan="2">电子信息系统情况</td></tr>
<tr><td>系统名称</td><td>系统结构及设备配置</td></tr>
<tr><td></td><td></td></tr>
<tr><td></td><td></td></tr>
<tr><td></td><td></td></tr>
<tr><td></td><td></td></tr>
<tr><td></td><td></td></tr>
<tr><td></td><td></td></tr>
<tr><td colspan="2">设计简介：

经办人：　　　　　年　　月　　日</td></tr>
<tr><td colspan="2">申请单位(公章)：　　　　经办人：　　　　　年　　月　　日</td></tr>
<tr><td colspan="2">办理结果：

主管机构(公章)：　　　　经办人：　　　　　年　　月　　日</td></tr>
</table>

防雷装置初步设计核准意见书

项目编号：(　　) 雷初审字 [　　] 第　　号

____________________(单位)：

你单位报来的________________防雷装置初步设计资料，经审核，符合国家现行技术规范和相关法律法规的要求，准予按此初步设计进行施工图设计。

(公章)

年　　月　　日

防雷装置设计审核资料补正通知

（初步设计）

项目编号：（　　）雷初审字［　　］第　　号

______________________（单位）：

你单位报来的____________________防雷装置初步设计资料收悉，资料尚未齐备，请尽快补齐以下打“√”的资料，以便办理审核手续。

☐　《防雷装置设计审核申请书》；

☐　设计单位资质证书的复印件；

☐　设计人员资格证书的复印件；

☐　总规划平面图；

☐　防雷装置初步设计说明书（包括：气象资料、设计依据、计算公式、直击雷防护措施、雷击电磁脉冲防护措施、防雷产品选型等）；

☐　防雷装置初步设计图纸（包括：接地平面图、接闪器布置平面图、SPD设计示意图、建筑图、结构图等）；

☐　建筑初步设计资料；

☐　结构初步设计资料；

☐　消防初步设计资料；

☐　空调初步设计资料；

☐　给排水初步设计资料；

☐　强电专业初步设计资料；

☐　弱电专业初步设计资料；

☐　雷电灾害风险评估报告；

☐　其他资料。

（公章）

年　　月　　日

防雷装置设计审核资料补正通知

（施工图设计）

项目编号：（　　）雷审字［　　］第　　号

________________（单位）：

你单位报来的________________防雷装置施工图设计资料收悉，资料尚未齐备，请尽快补齐以下打“√”的资料，以便办理审核手续。

□ 《防雷装置设计审核申请书》；

□ 设计单位资质证书的复印件；

□ 设计人员资格证书的复印件；

□ 《防雷装置初步设计核准意见书》；

□ 防雷装置设计图纸____套，电子文档____份；

□ 经规划部门批准的总平面图____套（原件或复印件，复印件需加盖建设单位公章）；

□ 建筑施工图____套，电子文档____份；

□ 防雷装置施工图设计说明；

□ 结构施工图一套；

□ 电气施工图一套；

□ 消防施工图一套；

□ 煤气管道施工图一套；

□ 金属构架大样图；

□ 信息系统 SPD 安装图；

□ 防雷产品相关资料；

□ 设计技术评价报告；

□ 其他资料。

（公章）

年　　月　　日

项目受理号：

防雷装置设计审核受理回执

（初步设计/施工图设计）

申请单位：

组织机构代码：　　　　　　　　　　　　经手人：

申请事项：

收件日期：　　　　　　　　　　　　　　办结期限：

注　意　事　项

一、本回执为收取资料及领取办理结果的凭证，为了能够顺利地办理有关手续，请务必妥善保管本回执。

二、如申请事项需要修改、补充资料，或经现场勘验后需要进行整改等，办结期限另行通知。

三、凭项目受理号或组织机构代码，在办事窗口或互联网上方便地查询到相关信息。

四、如申请事项已经办结，请您携带本人身份证件和受理回执到办事窗口领取结果。

受理机构（公章）：　　　　　　　　受理日期：　　　年　　月　　日

经办人：　　　　　　　　　　　　　查询电话：

查询网址：　　　　　　　　　　　　投诉电话：

防雷装置设计核准意见书

项目编号：（　　）雷审字［　　］第　　号

______________（单位）：

你单位报来的______________防雷装置设计资料，经审核，符合国家现行技术规范和相关法律法规的要求，准予办理防雷装置施工手续。

（公章）

年　　月　　日

防雷装置设计修改意见书

项目编号：（　　）雷审字［　　］第　　号

______________（单位）：

你单位报来的______________防雷装置（初步设计/施工图设计）资料，经审核，不符合有关要求，请按以下意见修改后再报审。

修改意见如下（可另附页）：

（公章）

年　　月　　日

防雷装置竣工验收文书示例

防雷装置竣工验收

申　请　书

申请单位（公章）：________________________________

申请项目：____

申请日期：__________年__________月__________日

<table>
<tr><td colspan="2">建设项目名称</td><td colspan="3"></td></tr>
<tr><td colspan="2">建设项目地址</td><td colspan="3"></td></tr>
<tr><td colspan="2">《防雷装置设计核准书》编号</td><td colspan="3"></td></tr>
<tr><td colspan="2">《防雷装置检测报告》编号</td><td colspan="3"></td></tr>
<tr><td colspan="2">开工时间</td><td></td><td>竣工时间</td><td></td></tr>
<tr><td rowspan="3">建设单位</td><td>名称</td><td colspan="3"></td></tr>
<tr><td>地址</td><td></td><td>邮政编码</td><td></td></tr>
<tr><td>联系人</td><td></td><td>联系电话</td><td></td></tr>
<tr><td rowspan="4">设计单位</td><td>名称</td><td colspan="3"></td></tr>
<tr><td>地址</td><td></td><td>邮政编码</td><td></td></tr>
<tr><td>联系人</td><td></td><td>联系电话</td><td></td></tr>
<tr><td>资质证编号</td><td></td><td>资质等级</td><td></td></tr>
<tr><td rowspan="3">监理单位</td><td>名称</td><td colspan="3"></td></tr>
<tr><td>地址</td><td></td><td>邮政编码</td><td></td></tr>
<tr><td>现场负责人</td><td></td><td>联系电话</td><td></td></tr>
<tr><td rowspan="5">施工单位</td><td>名称</td><td colspan="3"></td></tr>
<tr><td>地址</td><td></td><td>邮政编码</td><td></td></tr>
<tr><td>资质证编号</td><td></td><td>资质等级</td><td></td></tr>
<tr><td>资格证编号</td><td colspan="3"></td></tr>
<tr><td>现场负责人</td><td></td><td>联系电话</td><td></td></tr>
</table>

<table>
<tr><td rowspan="2">工程概况</td><td>单体名称/
防雷类别</td><td colspan="3"></td></tr>
<tr><td>单体数量</td><td>栋(座)</td><td>总建筑面积</td><td>平方米</td></tr>
<tr><td colspan="5">送审材料：
1.《防雷装置竣工验收申请书》；　2.《防雷装置设计核准书》；
3. 防雷工程施工单位和人员的资质证和资格证书；　4. 防雷装置竣工图；
5. 防雷产品安装记录；　6. 防雷产品出厂合格证书；
7. 防雷装置检测报告。</td></tr>
<tr><td colspan="2">建设单位(公章)：

经办人：
年　月　日</td><td colspan="2">监理单位(公章)：

经办人：
年　月　日</td><td>施工单位(公章)：

经办人：
年　月　日</td></tr>
<tr><td colspan="5">防雷检测机构(公章)：

经办人：　　年　月　日</td></tr>
<tr><td colspan="5">主管机构(公章)：

经办人：　　年　月　日</td></tr>
<tr><td colspan="5">办理结果：

经办人：　　年　月　日</td></tr>
</table>

防雷装置竣工验收资料补正通知

项目编号：(　　) 雷验字 [　　] 第　　号

________________(单位)：

你单位报来的________________防雷装置竣工验收资料收悉，资料尚未齐备，请尽快补齐以下打“√”的资料，以便办理验收手续。

□ 《防雷装置竣工验收申请书》；

□ 《防雷装置设计核准书》；

□ 防雷工程施工单位和人员资质证和资格证书；

□ 防雷装置竣工图；

□ 防雷产品安装记录；

□ 防雷产品出厂合格证书；

□ 防雷装置检测报告；

□ 其他材料。

(公章)

年　　月　　日

项目受理号：

防雷装置竣工验收受理回执

申请单位：
组织机构代码：　　　　　　　　　　　　　　经手人：
申请事项：
收件日期：　　　　　　　　　　　　　　　　办结期限：

注　意　事　项

一、本回执为收取资料及领取办理结果的凭证，为了能够顺利地办理有关手续，请务必妥善保管本回执。

二、如申请事项需要修改、补充资料，或经现场勘验后需要进行整改等，办结期限另行通知。

三、凭项目受理号或组织机构代码，在办事窗口或互联网上方便地查询到相关信息。

四、如申请事项已经办结，请您携带本人身份证件和受理回执到办事窗口领取结果。

受理机构（公章）：　　　　　　　　　　　受理日期：　　　年　　月　　日
经办人：　　　　　　　　　　　　　　　　查询电话：
查询网址：　　　　　　　　　　　　　　　投诉电话：

雷验 No：

防雷装置验收合格证

建（构）筑物名称：______________________________
建 设 单 位 名 称：______________________________
建（构）筑物地址：______________________________

上述建（构）筑物的防雷装置，经验收合格，特此发证。

发证机关（公章）：
年　　月　　日

附：防雷装置检测报告编号：

防雷装置整改意见书

＿＿＿＿＿＿＿＿＿＿＿＿＿＿（单位）：

你单位承建的＿＿＿＿＿＿＿＿＿＿＿防雷装置，经现场验收，不符合国家现行技术规范标准和质量标准，请根据以下整改意见尽快组织整改，整改完成后再办理验收手续。

整改意见如下：

一、＿＿＿＿＿＿＿＿＿＿＿＿＿＿＿＿＿＿＿＿＿＿＿＿＿＿＿＿＿＿

二、＿＿＿＿＿＿＿＿＿＿＿＿＿＿＿＿＿＿＿＿＿＿＿＿＿＿＿＿＿＿

三、＿＿＿＿＿＿＿＿＿＿＿＿＿＿＿＿＿＿＿＿＿＿＿＿＿＿＿＿＿＿

四、＿＿＿＿＿＿＿＿＿＿＿＿＿＿＿＿＿＿＿＿＿＿＿＿＿＿＿＿＿＿

五、＿＿＿＿＿＿＿＿＿＿＿＿＿＿＿＿＿＿＿＿＿＿＿＿＿＿＿＿＿＿

六、＿＿＿＿＿＿＿＿＿＿＿＿＿＿＿＿＿＿＿＿＿＿＿＿＿＿＿＿＿＿

七、＿＿＿＿＿＿＿＿＿＿＿＿＿＿＿＿＿＿＿＿＿＿＿＿＿＿＿＿＿＿。

（公章）

年　　月　　日

雷电防护检测资质申请文书示例

防雷装置检测资质申请表

填报单位（盖章）：　　　　　　　　　　　　　　　　填报日期：　　年　月　日

<table>
<tr><td colspan="2">单位名称</td><td colspan="6"></td></tr>
<tr><td colspan="2">法定代表人</td><td colspan="2"></td><td>经济性质</td><td colspan="3"></td></tr>
<tr><td colspan="2">主管单位</td><td colspan="6"></td></tr>
<tr><td colspan="2">单位地址</td><td colspan="6"></td></tr>
<tr><td colspan="2">通信地址</td><td colspan="2"></td><td>邮政编码</td><td></td><td>联系电话</td><td></td></tr>
<tr><td colspan="4">申请防雷装置检测资质等级</td><td colspan="4"></td></tr>
<tr><td colspan="4">从事防雷装置检测时间</td><td colspan="4"></td></tr>
<tr><td colspan="8">本单位专业技术人员数量</td></tr>
<tr><td>高工</td><td>人</td><td>工程师</td><td>人</td><td>助工/技术员</td><td>人</td><td>技工</td><td>人</td></tr>
<tr><td>单位概况</td><td colspan="7"></td></tr>
</table>

<table>
<tr><td colspan="2">本人承诺：所提供材料真实有效。

法定代表人：
年 月 日</td></tr>
<tr><td>评审意见</td><td>

年 月 日</td></tr>
<tr><td>主管部门审批意见</td><td>

年 月 日</td></tr>
</table>

专业技术人员简表

填报单位（盖章）：　　　　　　　　　　　　　　　　　　　填报日期：　　年　月　日

序号	姓名	身份证号	职称专业	职称	工作岗位	从事防雷装置检测工作时间	防雷装置检测资格证书编号	其他证编号

近三年已完成防雷装置检测项目表

填报单位（盖章）：　　　　　　　　　　　　　填报日期：　　年　　月　　日

序号	项目名称	建筑物防雷类别			合同编号	完成时间	质量考核情况	备注
		一	二	三				

注：请按此表如实填写近三年内实际完成的防雷装置检测项目情况。

附录一　山东省建筑物防雷装置验收手册

山　东　省
建筑物防雷装置验收手册填写说明

一、新建项目（建筑物）基本情况

序号	验收项目/内容	依据	填写说明
1	建设项目　项目地址　工程名称	/	例："×××小区1号住宅楼"，则项目名称为"×××小区"，工程名称为"1号住宅楼"。
2	经度、纬度	/	
3	建筑物性质及用途	/	根据实际情况填写：办公、住宅、厂房。

二、接地装置——人工接地体的检测

序号	验收项目/内容	填写依据	填写说明和数据要求及判定标准
1	接地装置形式	DB37/1228-2009 第5.1.2.2条	根据实际情况填写：A型地、B型地、接地板（在备注栏填写其材料规格）。
2	垂直接地体	DB37/1228-2009 第5.1.1条	材料及规格：圆铜：直径≥15mm；铜管：直径≥20mm、最小厚度2mm；热镀锌圆钢：直径≥16mm；热镀锌钢管：直径≥25mm、最小厚度2mm；镀铜圆钢：直径≥14mm；热镀锌角钢：≥50mm×50mm×3mm；圆形不锈钢导体：直径≥16mm。 长度：2.5m。间距：5m，受地方限制时可适当减小，但不能小于垂直接地体的长度。
3	水平接地体	DB37/1228-2009 第5.1.1条	材料及规格：铜绞线：最小截面50mm²、每股最小直径1.7mm；圆铜：最小截面50mm²、直径≥8mm；扁铜：最小截面50mm²、最小厚度2mm；热镀锌圆钢：直径≥10mm；热镀锌扁钢：最小截面90mm²、最小厚度3mm；热镀锌钢绞线：最小截面70mm²、每股最小直径1.7mm；圆形不锈钢导体：直径≥10mm；扁形不锈钢导体：最小截面100mm²、最小厚度2mm。 长度：从水平接地体与引下线连接点至水平接地体最远端的长度，若为环形，则是其周长。 间距：5m，受地方限制时可适当减小，但不能小于垂直接地体的长度。
4	接地线	DB37/1228-2009 第5.1.1.3条	同3。
5	A型地	DB37/1228-2009 第5.1.2.2条	敷设方式：星形或条形敷设 接地体根数：水平接地体和垂直接地体的数量之和，不应少于2根。 埋设深度：不应小于0.6m。 总长度：指水平接地体和垂直接地体的长度之和，一般情况下应大于5m。

续表

序号	验收项目/内容	填写依据	填写说明和数据要求及判定标准
6	B型地	DB37/1228-2009 第5.1.2.3条	敷设方式:围绕建筑物四周闭合敷设。 与墙和基础的距离:不应小于1m。埋设深度:不应小于0.6m。 包围面积:指环形接地体所包围的面积,一般情况下应大于79m^2。
7	接地体间的连接	DB37/1228-2009 第5.1.2.5条	连接方式:焊接,宜采用放热焊接(热剂焊)。搭接长度:2D(2倍扁钢宽度)、6d(6倍圆钢直径)。 焊接方法:三面施焊(扁钢与扁钢)、双面施焊(圆钢与圆钢、圆钢与扁钢)。 焊接质量:填写焊接良好或焊接不良(如虚焊、有贯穿性气孔等)。
8	与引下线连接情况	DB37/1228-2009 第5.1.2.5条	连接方式、搭接长度、焊接方法、焊接质量同7。
9	防跨步电压措施	DB37/1228-2009 第5.1.2.7条	根据实际情况填写以下1种或多种措施: 设置在人员不经过的区域,如与出入口和人行道距离不应小于3m。 在接地体3m范围内铺设5cm厚的沥青层或15cm厚的砾石层。 使用护栏或警告牌。
10	防腐措施	DB37/1228-2009 第5.1.2.5条	检查是否采取防腐措施以及采取了何种防腐措施,将检查情况填入本栏。例:“涂防腐漆”。
11	降低接地电阻措施	DB37/1228-2009 第5.1.3条	采用多支线外引接地装置、深埋、采用降阻剂、换土。
12	与建筑物及其金属物的安全距离	GB50057 第4.2.1条	理论计算值:对于一类防雷建筑物,根据GB50057-2010公式4.2.1-3计算得出,若计算值小于3m,则填写3m。
13	土壤电阻率	DB37/1228-2009 附录C	土壤性质、估算值:根据DB37/1228-2009表C.1填写。 测试方法:等距法、非等距法。深度是指电极插入土壤的深度。 季节修正系数:根据DB37/1228-2009表C.2填写。修正值:根据DB37/1228-2009公式C.4计算得出。
14	接地电阻	DB37/1228-2009 第5.1.4条	根据实际测量数据填写。是否补加接地体:根据DB37/1228-2009第5.1.2.3款和5.1.2.4款确定。

三、接地装置——自然接地体的检测

序号	验收项目/内容	填写依据	填写说明和数据要求及判定标准
1	基础类型	/	桩基础、板式基础、箱形基础、钢柱型钢筋混凝土基础、杯口型钢筋混凝土基础等。
2	桩	DB37/1228-2009 第5.2.2.6条	桩筋直径、桩间距、用做接地体桩数、桩总数、单桩接地电阻按实际测量结果填写。单桩主筋利用数不应少于2根。用做接地体的桩间距宜大于5m。 桩利用系数＝用做接地体桩数/总桩数，不应小于0.25。 接地电阻平衡度：检测与引下线相接各单桩的主筋接地电阻值，计算其平衡度。接地电阻平衡度＝单桩内各主钢筋中其一接地电阻最大值/另一接地电阻最小值。要求平衡度为1，大于1时应加短路环。
3	承台	DB37/1228-2009 第5.2.2.2条、第5.2.2.3条	承台与桩主筋连接：检查连接方式（焊接或卡接器连接）和连接质量。例："焊接，连接良好"。 承台与引下线柱主筋连接：引下线柱主筋（至少二根）应分别与承台上下层配筋、地梁内主筋及其桩内主筋电气贯通，并检查连接方式（焊接或卡接器连接）和连接质量。例："引下线分别与承台上下层配筋焊接，连接良好"。 环形接地连接线：利用建筑物承台外圈二根直径不小于10mm的承台上层配筋（桩台板板面钢筋）或沿桩台板外圈敷设不小于25mm×4mm镀锌扁钢，作为环形接地连接线，且与所经过的桩内主筋和用做防雷引下线的构造柱内主筋连接。检查其设置情况、材料和规格、是否与所经过的桩内主筋和引下线连接，将检查情况填入表格，例："敷设25mm×4mm镀锌扁钢，且与所经过的桩内主筋和引下线连接"。 －0.5m以下每根引下线所连接的基础钢筋表面积总和$S=\pi \times d \times l \times n$，d为圆钢直径，l为钢筋长度，n为引下线所连接钢筋数量，S不应小于0.82m^2。
4	地梁	DB37/1228-2009 第5.2.2.4条	地梁主筋与引下线柱主筋连接：检查地梁主筋与引下线柱主筋焊接质量，将检查结果填入本栏。例："搭接焊，搭接长度6d，焊接良好"。 地梁间主筋连接：检查地梁与地梁之间主筋焊接质量，将检查结果填入本栏。 预留电气接地：若预留，填写预留部位、材料规格、接地电阻。若未预留，则填写"无"。 均压环的设置：利用地梁内靠外侧的2根主筋通长焊接，或在地梁外侧敷设不小于25mm×4mm镀锌扁钢作为均压环，并与引下线和接地装置相连。若未设置，则填写"无"。

续表

序号	验收项目/内容	填写依据	填写说明和数据要求及判定标准
5	预留接地连接线	DB37/1228-2009 第5.2.1.5 条	应在低于-0.8m 处从引下线上预留出接地连接线，接地连接线间距应与引下线间距一致。检查是否预留，设置是否正确，将检查结果填入本栏。例："搭接焊，搭接长度 6d，焊接良好"。
6	两相邻接地装置电气连接	DB37/1228-2009 第5.2.1.3 条	根据 DB37/1228-2009 第 5.2.1.3 款确定两相邻接地装置是否电气连接。若不需连接，则填写"不需电气连接"；若需连接而未连接，则填写"未电气连接"；若连接，应采用两条直径不小于 10mm 的热镀锌圆钢或截面不小于 $100mm^2$ 的热镀锌扁钢进行连接，其埋深不应小于 0.6m，在出、入口或人行道路处不应小于 1m。检查连接导体的材料规格、设置是否合理，将检查结果填入本栏。例："已电气连接，采用 25mm×4mm 热镀锌扁钢，埋深 1m"。
7	土壤电阻率	DB37/1228-2009 附录 C	土壤性质、估算值：根据 DB37/1228-2009 表 C.1 填写。 测试方法：等距法、非等距法。深度是指电极插入土壤的深度。 季节修正系数：根据 DB37/1228-2009 表 C.2 填写。修正值：根据 DB37/1228-2009 公式 C.4 计算得出。
8	接地电阻	DB37/1228-2009 第5.2.1.1 条、第 5.2.1.5 条	根据实际测量数据填写。 是否补加人工接地体：根据 DB37/1228 第 5.2.1.5 条确定。

四、专用引下线的检测

序号	验收项目/内容	填写依据	填写说明和数据要求及判定标准
1	材料和规格	DB37/1228-2009 第6.1.1 条	材料：热镀锌圆钢或热镀锌扁钢。规格：圆钢直径不应小于 8mm，扁钢截面不小于 $48mm^2$，厚度不小于 4mm。如直径为 10mm 的圆钢，则填写"φ10"，如宽度为 25mm，厚度为 4mm 的扁钢，则填写"－25×4"。
2	布置情况	DB37/1228-2009 第6.1.2 条	是否合理：若均匀、对称、靠近拐角处布置，则填写"是"，否则填写"否"。 根数：填写引下线的总根数，总数不少于 2 根。间距：只填写最大间距和最小间距值。
3	敷设情况	DB37/1228-2009 第6.1.3 条	敷设方式：明敷、暗敷。 接地路径：最短路径。弯曲度：应弧形弯曲，不应直角弯曲。 是否平直、是否固定可靠、固定支架间距按实际检查和测量情况填写。

续表

序号	验收项目/内容	填写依据	填写说明和数据要求及判定标准
4	断接卡的设置	DB37/1228-2009 第 6.1.3.7 条	形式：暗装、明装。距地高度：0.3m～1.8m。连接是否紧固：检查上下连接处的螺栓是否紧固。
5	防接触电压和闪络电压危害措施	DB37/1228-2009 第 6.1.3.5 条	根据实际情况填写以下 1 种或多种措施： a. 外露引下线采用绝缘层隔离。例："外露引下线采用 3mm 厚的交联聚乙烯层隔离"。 b. 使用护栏或警告牌，且护栏与引下线的水平距离不应小于 3m。
6	防机械损坏措施	DB37/1228-2009 第 6.1.3.6 条	地面上 1.7m 至地面下 0.3m 的一段应采取暗敷或采用镀锌角钢、钢管、槽板、改性塑料管或橡胶管等保护设施。
7	电气线路附着情况及采取的措施	DB37/1228-2009 第 6.1.3.9 条	检查引下线上是否附着电气线路。若附着，根据 DB37/1228-2009 第 6.1.3.9 款检查所采取的措施是否合理，将检查结果填入本栏。
8	与建筑物、金属物和线路的安全距离	GB50057 第 4.2.1 条第五、六、七款、第 4.3.8 条、第 4.4.7 条	理论计算值：对于一类防雷建筑物，根据 GB50057-2010 公式 4.2.1-1，4.2.1-2，4.2.1-4，4.2.1-5，4.2.1-6，4.2.1-7 计算得出，若计算值小于 3m，则填写 3m；对于二类防雷建筑物，根据 GB50057-2010 公式 4.3.8-1，4.3.8-2，3.4.8-3 计算得出；对于三类防雷建筑物，根据 GB50057-2010 公式 4.4.7 计算得出。实测值应小于理论计算值。
9	各测点接地电阻值	DB37/1228-2009 第 5.1.4 条	测点编号规则在备注栏中说明，可用图示加以说明。

五、自然引下线的检测

序号	验收项目/内容	填写依据	填写说明和数据要求及判定标准
1	引下线类型	DB37/1228-2009 第 6.2.1 条、第 6.2.5 条	引下线类型：构造柱主筋、钢柱、消防梯。引下线根数：填写引下线总根数。
2	引下线间距	DB37/1228-2009 第 6.2.6 条	引下线间距：填写各柱筋间距，或只填写最大间距和最小间距。 平均间距：填写前面各柱筋间距的平均值。
3	构造柱内主筋做引下线	DB37/1228-2009 第 6.2.2 条、第 6.2.4 条	主筋利用数：2 根或 4 根。材料规格：当构造柱内主筋直径不小于 16mm 时，宜利用对角两根钢筋作为一组引下线；当主筋直径不大于 16mm 且不小于 10mm 时，宜利用对角四根钢筋作为一组引下线。 主筋间的连接方式：焊接、绑扎法、螺丝扣连接、卡接器连接等。

续表

序号	验收项目/内容	填写依据	填写说明和数据要求及判定标准
4	金属构件做引下线	DB37/1228-2009 第6.2.5条	构件名称：钢梁、钢柱、消防梯等。 各部件间的连接方式：铜锌合金焊、熔焊、卷边压接、缝接、螺钉或螺栓连接等。 各部件间的过渡电阻：用仪器测试各部件之间的过渡电阻，其值不应大于0.2Ω。
5	测试连接板	DB37/1228-2009 第6.2.7条	数量：根据实际情况填写。距地面高度：不低于0.3m。 是否设断接卡：当利用建筑物四周钢柱或柱内钢筋作为防雷引下线并同时采用基础接地体时，可不设断接卡，根据实际情况填写"是"或"否"。
6	引下线与楼板和梁内主筋、均压环之间的连接	DB37/1228-2009 第6.2.3条	测试部位：测点楼层及方位。连接方式：绑扎、焊接。 过度电阻值：用仪器测试引下线与楼板和梁内主筋或均压环之间的过渡电阻，其值不应大于0.2Ω。
7	各测点接地电阻值	DB37/1228-2009 第6.2.7条	测点编号规则在备注栏中说明，可用图示加以说明。

六、接闪器的检测

序号	验收项目/内容	填写依据	填写说明和数据要求及判定标准
1	接闪器类型	DB37/1228-2009 第7.1.1.6条	接闪器类型：接闪杆、接闪带、接闪线、接闪网、建筑物自身构件。 安装部位：接闪杆宜安装在建筑物的制高点；接闪带应沿建筑物易遭受雷击的部位敷设，如建筑物的女儿墙、屋角、屋檐、屋脊、檐角、楼梯和电梯机房屋顶。将检查情况填入本栏。
2	建筑物尺寸	DB37/1228-2009 第7.1.1.1条	建筑物尺寸：指建筑物的长、宽、高。 保护范围：根据滚球法或接闪网确定建筑物是否在保护范围之内。若在保护范围之内，填写"在保护范围内"，否则，填写"不在保护范围内"。
3	与引下线连接情况	DB37/1228-2009 第7.1.1.2条	接闪器与引下线之间的连接宜采用焊接，当焊接有困难时，可采用螺栓连接，但接触面应热镀锌或垫硬铅垫。检查接闪器与引下线之间的连接方式，测试其过渡电阻值，其值不应大于0.2Ω，将检查情况和测试结果填入本栏。例："焊接，过渡电阻值0.1Ω"。
4	与金属构件等电位连接情况	DB37/1228-2009 第7.1.1.4条	建筑物顶部和外墙上的接闪器（接闪杆、接闪带、均压环等）必须与建筑物外露的大尺寸金属物（如屋面金属物体、金属灯杆、透气管、外墙上的栏杆、旗杆、吊车梁、管道、门窗、幕墙支架等）进行电气连接。检查等电位连接的金属构件，测试其过渡电阻值，其值不应大于0.2Ω，将检查情况和测试结果填入本栏。例："楼顶旗杆、透气管等已与接闪器电气连接，过渡电阻值0.1Ω"。

续表

<table>
<tr><th>序号</th><th colspan="2">验收项目/内容</th><th>填写依据</th><th>填写说明和数据要求及判定标准</th></tr>
<tr><td>5</td><td colspan="2">电气线路附着情况及采取的措施</td><td>DB37/1228-2009 第 7.1.1.7 条</td><td>检查引下线上是否附着电气线路。若附着，根据 DB37/1228-2009 第 6.1.3.9 款检查所采取的措施是否合理，将检查结果填入本栏。</td></tr>
<tr><td rowspan="3">6</td><td rowspan="3">接闪杆</td><td>独立接闪杆</td><td>DB37/1228-2009 第 7.1.2.1 条、第 7.1.2.2 条</td><td>类型/型号：填写“常规接闪杆”或优化接闪杆的型号。
材料、规格：接闪杆宜采用镀锌圆钢或焊接钢管制成，杆长＜1m 时，圆钢为 φ12，钢管为 φ20；杆长 1～2m 时，圆钢为 φ16，钢管为 φ25。
自身长度：指接闪杆顶端至支架顶端的长度。安装高度：指支架顶端至地面的高度。
支架类型：不锈钢桅杆、铁塔、电线杆等。数量：被保护建筑物所架设的接闪杆数量。
安全距离计算值：对于一类防雷建筑物，根据 GB50057-2010 公式 4.2.1 计算得出，若计算值小于 3m，则填写 3m；安全距离实测值：实测值应小于理论计算值。</td></tr>
<tr><td>安装于建筑物上的接闪杆</td><td>DB37/1228-2009 第 7.1.2.1 条、第 7.1.2.4 条、第 7.1.2.5 条</td><td>类型/型号、材料、规格、自身长度、安装高度、支架类型、数量的填写同上。
支座：混凝土支座。
与引下线连接点数：每支接闪杆与引下线的连接点不宜少于两处。</td></tr>
<tr><td>接闪短杆</td><td>DB37/1228-2009 第 7.1.2.6 条</td><td>材料、规格、自身长度、数量的填写同上。
与楼顶其他接闪器等电位连接情况：填写“已连接”或“未连接”。</td></tr>
<tr><td>7</td><td colspan="2">接闪带</td><td>DB37/1228-2009 第 7.1.3 条</td><td>材料规格：敷设方式：明敷或暗敷。平直度：不宜大于 3/1000。
弯曲度：不宜小于 90°。
安装高度：指接闪带距女儿墙顶的高度，一般不宜小于 0.1m。
女儿墙宽度：当女儿墙宽度大于 200mm 时，应适当增加接闪带的高度，且接闪带靠近女儿墙外侧敷设。
固定方式：支持卡子、预制支座、贴装。固定支架间距：应符合 DB37/1228-2009 表 5 的要求。
固定是否可靠：填写“是”或“否”。是否闭合：填写“是”或“否”。
表面覆盖物厚度：表面水泥或装饰物的厚度不大于 20mm。暗敷是否符合要求：填写“是”或“否”。
跨越伸缩缝和沉降缝所采取的措施：应采取弧形跨接。检查是否采取了措施及采取的措施，一般跨接方式有铜编织带、扁钢、圆钢。例：“采用圆钢弧形跨接”。若未采取，则填写“未采取”。</td></tr>
</table>

续表

序号	验收项目/内容		填写依据	填写说明和数据要求及判定标准
8	接闪网	常规接闪网	DB37/1228-2009 第7.1.4.1 条、第7.1.4.2 条	敷设方式：明敷或暗敷。材料规格：明敷时，圆钢直径不小于 8mm，扁钢不小于 12mm×4mm；暗敷时，圆钢直径不小于 10mm，扁钢不小于 20mm×4mm。 网格尺寸：一类≤5m×5m 或 6m×4m；二类≤10m×10m 或 12m×8m；三类≤20m×20m 或 24m×16m。 是否平直：填写“是”或“否”。弯曲度：应大于 90°。网格点：网格点应焊接，采用搭接焊。
		钢筋混凝土屋面	DB37/1228-2009 第7.1.4.3 条	钢筋间的连接情况： 预留接地端子情况：在建筑物屋面上的设备附近处，应从屋面接闪网格上引出预留接地端子，其材料宜采用直径不小于 10mm 的热镀锌圆钢或不小于 25mm×4mm 的热镀锌扁钢。检查是否预留，若预留，检查其材料规格，将检查情况填入本栏。
9	利用建筑物自身构件做接闪器		DB37/1228-2009 第7.1.5 条	屋顶永久性金属物： 金属物名称：铁塔、栏杆、广告牌、旗杆等。过渡电阻(Ω)：用仪器测试金属物与防雷装置之间的电阻值，将实测结果填入本栏。 金属屋面： 金属板材料：钢(不锈钢、热镀锌)板、铜板、铝板、锌板等。金属板厚度：金属板下面无易燃物品时，钢(不锈钢、热镀锌)、钛和铜板厚度不应小于 0.5mm，铝和锌板厚度不应小于 0.7mm。有易燃物品时，钢(不锈钢、热镀锌)和钛板厚度不应小于 4mm，铜板厚度不应小于 5mm，铝板厚度不应小于 7mm。金属板间的连接：金属板之间具有持久的电气贯通连接，如采用铜锌合金焊、熔焊、卷边压接、缝接、螺钉或螺栓连接。有无易燃物品：填写“有”或“无”。
10	楼顶设施		DB37/1228-2009 第7.1.8 条	设施名称：太阳能热水器、冷却塔、水箱、广告牌、航空障碍灯、卫星天线、擦窗机、彩灯、铁塔等。

七、防侧击雷措施的检测

序号	验收项目/内容	填写依据	填写说明和数据要求及判定标准
1	水平接闪带的设置	DB37/1228-2009 第7.1.6.1 条 a)款	材料、规格、敷设位置：利用建筑物外墙结构圈梁内的两条水平主钢筋连接构成闭合环路作为水平接闪带，或在外墙结构圈梁内敷设一条直径不小于 12mm 镀锌圆钢或不小于 25mm×4mm 镀锌扁钢作为水平接闪带，将检查情况和测量结果填入本栏。例：“材料：镀锌圆钢；规格：φ12；敷设位置：圈梁”。 首次设置高度：一、二、三类分别不高于 30m、45m、60m。垂直间距：每 3 层或不大于 6m。 闭合情况：检查是否闭合。

续表

序号	验收项目/内容	填写依据	填写说明和数据要求及判定标准
2	水平接闪带和均压环与引下线的连接	DB37/1228-2009 第 7.1.6.1 条	连接导体材料规格：若水平接闪带和均压环与引下线直接连接，则填写“无”；否则检测连接导体的材料和规格，将检查情况和测量结果填入本栏，其材料规格应与水平接闪带和均压环一致。 连接方式：焊接、压接、绑扎等。 检测部位：填写检测点所在楼层和引下线所处位置，或查阅设计图纸填写检测点位置编号。例：“12 层 A②轴”。
3	外墙上的较大金属物与防雷装置的连接	DB37/1228-2009 第 7.1.6.1 条 a）款、第 7.1.6.4 条	较大金属物主要包括：空调外挂机、金属栏杆、广告牌等。 连接导体材料规格：应与水平接闪带或均压环或引下线一致，将检查情况和测量结果填入本栏。 连接方式：焊接、压接。
4	外墙上的门窗与防雷装置的连接	DB37/1228-2009 第 7.1.6.2 条、第 7.1.6.3 条	窗户类型：铝合金、塑钢。 连接导体材料规格：采用直径不小于 10mm 镀锌圆钢或不小于 25mm×4mm 镀锌扁钢或截面不小于 $16mm^2$ 铜导线暗敷，将检查情况和测量结果填入本栏。 连接方式：焊接、压接。检测部位：可填写门窗所在房间号。 过渡电阻值：用仪器测试门窗与防雷装置（水平接闪带、均压环、引下线）之间的电阻值，将实测结果填入本栏。
5	竖直敷设的金属物与防雷装置的连接	DB37/1228-2009 第 7.1.6.1 条 b)款	竖直敷设的金属物主要包括：外墙上的金属管道。 上端和下端：应分别与防雷装置连接。检查上端和下端是否与防雷装置连接。

八、幕墙防雷检测

序号	验收项目/内容	填写依据	填写说明和数据要求及判定标准
1	幕墙类型	/	根据材料分为：石材、玻璃、陶瓷板、金属板幕墙。玻璃幕墙又分为：明框、隐框、点支式玻璃幕墙。
2	压顶盖板	DB37/1228-2009 第 7.1.7.8 条	与幕墙构架、防雷装置的连接情况：检查连接材料规格和连接质量，测试过度电阻值，将检查和测试情况填入，结果为连接良好、未连接或连接不良。例：“采用 $25mm^2$ 编织铜导线连接，过渡电阻值 0.1Ω，连接良好”。

续表

序号	验收项目/内容	填写依据	填写说明和数据要求及判定标准
3	竖向立柱上下导通情况	DB37/1228-2009 第 7.1.7.4 条	立柱位置：填写所测立柱的方位或查阅设计图纸填写立柱的位置编号。例："A②轴"。 连接导体材料规格：截面积不小于 25mm² 铝线或不小于 40mm×4mm 铝合金。 连接情况：良好、未连接或连接不良。 过渡电阻值：用仪器测试立柱上下断开处之间的电阻值，将实测结果填入本栏。
4	竖向立柱与横向梁的连接	DB37/1228-2009 第 7.1.7.5 条	检测部位：在竖向立柱最上端和最下端以及设置均压环的楼层处，横向梁应与竖向立柱可靠连接。填写所测部位的位置，或查阅设计图纸填写检测点的位置编号。例："3 层 A①轴"。 连接导体材料规格：25mm² 编织铜导线。连接情况：良好、未连接或连接不良。 过渡电阻值：用仪器测试立柱与横向梁之间的电阻值，将实测结果填入本栏。
5	竖向立柱与防雷装置的连接	DB37/1228-2009 第 7.1.7.6 条	与防雷装置连接的水平间距：不应大于引下线间距。 与防雷装置连接的垂直间距：不应大于 6m。 检测部位：在立柱的最上端、最下端以及均压环所在楼层处，应将立柱与构造柱内主筋、均压环或预埋件连接。填写所测部位的位置，或查阅设计图纸填写检测点的位置编号。 连接情况：良好、未连接或连接不良。 连接导体材料和规格：采用扁钢、角钢或编织导线通过焊接或压接连通，扁钢截面不宜小于 25mm×4mm，编织导线截面积不宜小于 25mm²。对高层建筑物，当柱的纵筋不允许与预埋件焊接时，可用卡接器连接。 过渡电阻值：用仪器测试连接部位与防雷装置（水平接闪带、均压环、引下线）之间的电阻值，将实测结果填入本栏。

九、防雷击电磁脉冲——防雷电波侵入和屏蔽措施的检测

序号	验收项目/内容	填写依据	填写说明和数据要求及判定标准
1	低压电源线路	DB37/1228-2009 第 8.1.1 条、第 8.1.2 条、第 8.1.3 条	入户方式：架空、埋地、桥架。 埋地长度：第一类和 DB37/1228-2009 第 4.3 条 e)、f)、g) 款规定的第二类建筑物，应穿钢管埋地引入，埋地长度应大于 $2\sqrt{\rho}$(m)，且不应小于 15m。 接地电阻：不应大于 10Ω。 是否安装 SPD：填写"是"或"否"。 入户处等电位连接及接地情况：SPD、电缆金属外皮、钢管及绝缘子铁脚、金具等应连接在一起接地。

续表

序号	验收项目/内容	填写依据	填写说明和数据要求及判定标准
2	电子系统线路	DB37/1228-2009 第 8.1.4 条	入户方式：架空、埋地、桥架。 埋地长度：第一类和 DB37/1228 第 4.3 条 e)、f)、g)款规定的第二类建筑物，应穿钢管埋地引入，埋地长度应大于 $2\sqrt{\rho}$(m)，且不应小于 15m。 接地电阻：不应大于 10Ω。 是否安装 SPD：填写“是”或“否”。 入户处等电位连接及接地情况：SPD、电缆金属外皮、钢管及绝缘子铁脚、金具等应连接在一起接地。
3	金属管道	DB37/1228-2009 第 8.1.5 条	入户方式：架空、埋地、地沟。 接地电阻：不应大于 10Ω。 距建筑物 100m 内金属管道的接地情况：每隔 25m 左右接地一次，其冲击接地电阻不应大于 20Ω。
4	固定在建筑物上的用电设备的电源线路	DB37/1228-2009 第 8.1.7 条	敷设方式：应穿金属管敷设。 是否安装 SPD：填写“是”或“否”。 等电位连接及电气贯通情况：钢管一端与配电盘外壳相连，另一端与用电设备外壳、保护罩相连，并就近与屋顶防雷装置相连，当钢管因连接设备而中间断开时应设跨接线。将检查和测量结果填入本栏。
5	屏蔽措施	DB37/1228-2009 第 8.2.2 条、第 8.2.3 条	建筑物自身金属构件屏蔽措施：建筑物的金属屋面、金属立面、混凝土内钢筋和金属门窗框架等大尺寸金属构件应等电位连接在一起，并与防雷装置相连，建筑物每层楼板内主钢筋、梁内主钢筋以及与所有用作防雷引下线的钢筋也应互相连接为一体，形成格栅形大空间屏蔽。检查是否构成格栅形大空间屏蔽，若是，则填写“形成格栅形大空间屏蔽”，否则填写“未形成格栅形大空间屏蔽”。 线缆屏蔽措施：电缆的金属线槽或屏蔽电缆的金属屏蔽层应在两端和各防雷区交界处做等电位连接，并保持电气贯通。当系统要求只在一端做等电位连接时，应采用两层屏蔽，外层屏蔽应在两端和各防雷区交界处做等电位连接。检查线缆是否采取了屏蔽措施，以及等电位连接和接地是否符合要求，将检查结果填入本栏。 电子机房屏蔽措施：对于电磁屏蔽要求比较严格的机房，应采取加密六面墙体内的钢筋网格，采用金属门窗和屏蔽玻璃等措施，钢筋网格与金属门窗应相互连接并与等电位连接端子连接。墙体内的钢筋网格尺寸不宜大于 200mm×200mm，圆钢直径不宜小于 8mm。 电子设备屏蔽措施：当电子系统设备为非金属外壳，且机房屏蔽未达到设备电磁环境要求时，应设金属屏蔽网或金属屏蔽室，金属屏蔽网或金属屏蔽室应与等电位连接网络连接。检查设备是否应采取屏蔽措施，以及所采取的屏蔽措施，将检查结果填入本栏。

十、防雷击电磁脉冲——等电位连接和接地的检测

序号	验收项目/内容	填写依据	填写说明和数据要求及判定标准
1	LPZ_0 与 LPZ_1 区交界处	DB37/1228-2009 第 8.3.2 条、第 8.3.9 条	连接物名称：所有进入建筑物的外来导电物，如金属护管、电缆金属外皮、金属水管、暖气管道、燃气管道等。 连接导体的材料和规格：将检查和测量结果填入本栏，其值应符合 DB37/1228-2009 第 8.3.1 条的要求。 连接方式和连接质量：焊接、螺钉或螺栓连接、圆抱箍、熔接等。 过渡电阻值：用仪器测试连接物与等电位连接网络之间的电阻值，将实测结果填入本栏。
2	LPZ_1 与 LPZ_2 区交界处	DB37/1228-2009 第 8.3.3 条、第 8.3.9 条	同 1。
3	大尺寸金属物	DB37/1228-2009 第 8.3.6 条、第 8.3.9 条	大尺寸金属物主要包括：电梯轨道、吊车、金属地板等。
4	长金属物	DB37/1228-2009 第 8.3.5 条、第 8.3.9 条	长金属物主要包括：金属管道、电缆桥架、电缆金属外皮等。
5	接地干线	DB37/1228-2009 第 8.3.8 条	在电气竖井内宜敷设 40mm×4mm 镀锌扁钢或铜带作为接地干线，其下端与基础接地体连接，并与每层预留的等电位连接带进行电气连接。当井道高度超过 20m 时，应每隔 20m 与相近楼板钢筋作等电位连接一次。检查接地干线的材料和规格以及接地情况，将检查和测量结果填入本栏。
6	接地系统	DB37/1228-2009 第 8.3.10 条	检查是否共用接地，配电系统的接地形式。

十一、防雷击电磁脉冲——电子系统等电位连接和接地的检测

序号	验收项目/内容	填写依据	填写说明和数据要求及判定标准
1	电子系统（机房）概括	DB37/1228-2009 第 8.2.3 条 a)款	填写机房所在楼层、功能和主要设备。
2	等电位连接网络形式	DB37/1228-2009 第 8.3.11.1 条	S 型星型结构或 M 型网型结构。
3	S 型星型结构检查	DB37/1228-2009 第 8.3.11.2 条	电子系统的所有金属组件（如箱体、壳体、机架）除等电位连接点外，应与接地系统的各组件绝缘，所有设施管线和电缆宜从一点进入该电子系统。S 型等电位连接应仅通过唯一的一点，即接地基准点 ERP 组合到接地系统中去，设备之间的所有线路和电缆当无屏蔽时宜按星型结构与各等电位连接线平行敷设，以免产生大的感应环路。按上述要求检查各金属组件的等电位连接情况和线缆敷设情况，将检查结果填入本栏。

续表

序号	验收项目/内容	填写依据	填写说明和数据要求及判定标准
4	M型网型结构检查	DB37/1228-2009 第8.3.11.3条	系统的各金属组件不应与接地系统各组件绝缘，应通过多点连接组合到等电位连接网络中去。每台设备的等电位连接线的长度不宜大于0.5m，并宜设两根等电位连接线，安装于设备的对角处，其长度宜按相差20%考虑（如一根长0.5m，另一根长0.4m）。按上述要求检查各金属组件的等电位连接情况，将检查结果填入本栏。
5	电气和电子系统与等电位连接网络的连接	DB37/1228-2009 第8.3.1条	设备/接地名称：如交换机柜、防静电接地、屏蔽线缆外层接地等。 连接导体的材料和规格：将检查和测量结果填入本栏，其值应符合DB37/1228-2009第8.3.1条的要求。 连接方式和连接质量：焊接、螺钉或螺栓连接、圆抱箍、熔接等。 过渡电阻值：用仪器测试金属组件与等电位连接网络之间的电阻值，将实测结果填入本栏。

十二、综合布线系统防雷检测

序号	验收项目/内容	填写依据	填写说明和数据要求及判定标准
1	线缆的敷设	DB37/1228-2009 第9.1.1.2条、第9.1.1.3条、第9.1.1.4条	敷设位置：线缆主干线的金属线槽宜敷设在电气竖井内，并应尽可能靠近建筑物的中心位置敷设。 路由走向：应尽量减小由线缆自身形成的感应环路面积。 屏蔽类型：两端接地单层屏蔽或一端接地两层屏蔽。
2	与电力电缆的间距	DB37/1228-2009 第9.1.3条	电缆类型：<2KVA、2～5KVA、>5KVA。 接近状况：平行敷设、一方在接地的金属槽或钢管、双方在接地的金属槽或钢管。 间距：最小净距应符合DB37/1228-2009第9.1.3条的要求。
3	与其他管线的间距	DB37/1228-2009 第9.1.4条	管线名称：防雷引下线、保护地线、给水管、热力管、煤气管、压缩空气管等。 间距：最小平行净距或垂直交叉净距应符合DB37/1228-2009第9.1.4条的要求。
4	与电气设备的间距	DB37/1228-2009 第9.1.5条	设备名称：配电箱、变电室、电梯机房、空调机房等。 间距：最小间距应符合DB37/1228-2009第9.1.5条中的要求。

续表

序号	验收项目/内容	填写依据	填写说明和数据要求及判定标准
5	配线柜接地情况	DB37/1228-2009 第 9.1.6 条	采用连接导体单独布线至等电位连接带或接地装置，也可采用竖井内集中用接地母排引到接地装置。接地连接导体应构成树状结构，避免构成直流环路。检查接地方式和连接导体的材料，测量其尺寸规格。将检查情况和测量结果填入本栏。
6	爆炸危险场所电缆	DB37/1228-2009 第 9.1.1.5 条	电线(电缆)的额定电压值不应小于 750V，且必须穿在金属导管中，将检查情况填入本栏。

十三、用于电气系统的电涌保护器的检测

序号	验收项目/内容	填写依据	填写说明和数据要求及判定标准
1	级别	/	一级、二级、三级、……。
2	安装位置	DB37/1228-2009 第 10.1.1 条	可填写 SPD 所安装的配电箱编号或配电箱的安装位置、所处房间等。例："二层总配电箱"、"三层机房配电箱"。
3	产品型号	DB37/1228-2009 第 10.3.2 条	生产厂家对产品的标识，填写 SPD 铭牌上所标示的型号。
4	外观检查	DB37/1228-2009 第 10.3.3 条	SPD 的表面应平整，光洁，无划伤，无裂痕和烧灼痕或变形，标志应完整和清晰。将检查结果填入本栏。
5	引线长度	DB37/1228-2009 第 10.1.2.3 条	SPD 两端引线长度之和不大于 0.5m，将实测结果填入本栏或填写"凯文式接法"。
6	连线色标	DB37/1228-2009 第 10.1.2.4 条	相线采用红、黄、绿色，中性线采用浅蓝色或黑色，保护线采用绿/黄双色线，将检查结果填入本栏。例："L-红，N-黑，PE-黄绿"。
7	连线截面	DB37/1228-2009 第 8.3.1 条	铜导线的最小截面(mm^2)要求如下：SPD1：6，SPD2：4，SPD3：1.5，将实测结果填入本栏。
8	状态指示器	DB37/1228-2009 第 10.1.2.7 条	检查是否有状态指示器，若有，确认其指示是正常还是失效，将检查结果填入本栏。例："有，正常"。
9	脱离器检查	DB37/1228-2009 第 10.1.2.6 条	检查是否有脱离器，是内置还是外置，若是外置，检查其是否处于正常状态，将检查结果填入本栏。例："外置，正常"。
10	过电流保护	DB37/1228-2009 第 10.1.2.6 条	检查是否有过电流保护装置，若有，检查是断路器(空气开关)还是熔断器，检查其最大额定值。SPD 过电流保护与上一级电路上的过电流保护的电流比值为 1:1.6 或 1:2。将检查结果填入本栏。例："有，断路器，50A"。

续表

序号	验收项目/内容	填写依据	填写说明和数据要求及判定标准
11	在线运行温度	DB37/1228-2009 第 10.3.9 条、QX/T86-2007 第 6.4 条	用 SPD 运行温度测试仪测试 SPD 的表面温度，对同一 SPD 进行三个不同位置的测量，取其平均值填入本栏。在线 SPD 的表面温度不应大于 120℃，脱离器动作后 5min 的表面温度不应大于 80℃。
12	绝缘电阻	DB37/1228-2009 第 10.3.10 条	用万用表的高阻挡或绝缘电阻测试仪（兆欧表）对 SPD 所有接线端与 SPD 壳体间进行测量，将实测结果填入本栏，其值不应小于 50MΩ。
13	接地电阻	DB37/1228-2009 第 10.3.6 条	用接地电阻测试仪测试 SPD 接地端的接地电阻值，将实测结果填入本栏，其值一般不宜大于 10Ω。
14	U_C 检查值	DB37/1228-2009 第 10.1.1.3 条	检查 SPD 铭牌上所标识的 U_C 值填入本栏，其值应符合 DB37/1228-2009 第 10.1.1.3 条的要求。
15	U_P 检查值	DB37/1228-2009 第 10.1.1.4 条	检查 SPD 铭牌上所标识的 U_P 值填入本栏，其值应符合 DB37/1228-2009 第 10.1.1.4 条的要求。
16	I_{imp} 或 I_n 检查值	DB37/1228-2009 第 10.1.1.1 条、第 10.1.1.2 条	检查 SPD 铭牌上所标识的 I_{imp} 或 I_n 值填入本栏，其值应符合 DB37/1228-2009 第 10.1.1.1 条和第 10.1.1.2 条的要求。
17	I_e 测试值	GB/T21431-2008 第 5.8.3.2 条、DB37/1228-2009 第 10.3.11 条	测试前取下可插拔式 SPD 的模块或将线路上两端连线拆除，可使用防雷元件测试仪或泄漏电流测试表测试 SPD 的 I_e 值，将实测结果填入本栏。实测值应小于生产厂标称最大值，若生产厂未标定，其值不应大于 20μA。
18	U_{1mA} 测试值	GB/T21431-2008 第 5.8.3.3 条、DB37/1228-2009 第 10.3.12 条	测试前取下可插拔式 SPD 的模块或将线路上两端连线拆除，可使用防雷元件测试仪测试 SPD 的 U_{1mA} 值，将实测结果填入本栏。其值不应低于在交流电路中 U_0 值 1.86 倍，在直流电路中为直流电压 1.33～1.6 倍时，在脉冲电路中为脉冲初始峰值电压 1.4～2.0 倍时。也可与生产厂提供的允许公差范围表对比判定。

十四、用于电子系统的电涌保护器的检测

序号	验收项目/内容	填写依据	填写说明和数据要求及判定标准
1	安装位置	DB37/1228-2009 第 10.3.2 条	可填写 SPD 所安装的线路、设备名称和编号等。例：“光纤收发器前端”、“服务器网卡端口”等。
2	产品型号	DB37/1228-2009 第 10.3.2 条	生产厂家对产品的标识，填写 SPD 铭牌上所标示的型号。
3	外观检查	DB37/1228-2009 第 10.3.3 条	SPD 的表面应平整，光洁，无划伤，无裂痕和烧灼痕或变形，标志应完整和清晰，将检查结果填入本栏。例：“良好”、“污损”。

续表

序号	验收项目/内容	填写依据	填写说明和数据要求及判定标准
4	引线长度	DB37/1228-2009 第 10.1.2.3 条	SPD 两端引线长度之和不大于 0.5m，将实测结果填入本栏或填写“凯文式接法”。
5	连线色标	DB37/1228-2009 第 10.1.2.4 条	输入端采用红、黄、绿色，保护线采用绿/黄双色线，将检查结果填入本栏。例：“L-红，PE-黄绿”。
6	连线截面	DB37/1228-2009 第 8.3.1 条	铜导线的最小截面不应小于 1.2mm^2，将实测结果填入本栏。
7	在线运行温度	DB37/1228-2009 第 10.3.9 条、QX/T86-2007 第 6.4 条	用 SPD 运行温度测试仪测试 SPD 的表面温度，对同一 SPD 进行三个不同位置的测量，取其平均值填入本栏。在线 SPD 的表面温度不应大于 120℃，脱离器动作后 5min 的表面温度不应大于 80℃。
8	绝缘电阻	DB37/1228-2009 第 10.3.10 条	用万用表的高阻挡或绝缘电阻测试仪（兆欧表）对 SPD 所有接线端与 SPD 壳体间进行测量，将实测结果填入本栏，其值不应小于 50MΩ。
9	接地电阻	DB37/1228-2009 第 10.3.6 条	用接地电阻测试仪测试 SPD 接地端的接地电阻值，将实测结果填入本栏，其值一般不宜大于 10Ω。
10	标称频率范围	DB37/1228-2009 第 10.2.1.5 条	检查 SPD 的适用频率范围，将检查结果填入本栏，其值应满足系统要求。
11	插入损耗	DB37/1228-2009 第 10.2.1.5 条	检查 SPD 的插入损耗，将检查结果填入本栏，其值应满足系统要求。
12	U_C检查值	DB37/1228-2009 第 10.2.1.2 条	检查 SPD 铭牌上所标识的 U_C 值填入本栏，其值应符合 DB37/1228-2009 第 10.2.1.2 条的要求。
13	U_P检查值	DB37/1228-2009 第 10.2.1.3 条	检查 SPD 铭牌上所标识的 U_P 值填入本栏，其值应符合 DB37/1228-2009 第 10.2.1.3 条的要求。
14	I_{imp}或I_n检查值	DB37/1228-2009 第 10.2.1.4 条	检查 SPD 铭牌上所标识的 I_{imp} 或 I_n 值填入本栏，其值应符合 DB37/1228-2009 第 10.2.1.4 条的要求。
15	I_e测试值	GB/T21431-2008 第 5.8.3.2 条、DB37/1228-2009 第 10.3.11 条	测试前取下可插拔式 SPD 的模块或将线路上两端连线拆除，可使用防雷元件测试仪或泄漏电流测试表测试 SPD 的 I_e 值，将实测结果填入本栏。实测值应小于生产厂标称最大值；若生产厂未标定，其值不应大于 20μA。
16	U_{1mA}测试值	GB/T21431-2008 第 5.8.3.3 条、DB37/1228-2009 第 10.3.12 条	测试前取下可插拔式 SPD 的模块或将线路上两端连线拆除，可使用防雷元件测试仪测试 SPD 的 U_{1mA} 值，将实测结果填入本栏。其值不应低于在交流电路中 U_0 值 1.86 倍，在直流电路中为直流电压 1.33～1.6 倍时，在脉冲电路中为脉冲初始峰值电压 1.4～2.0 倍时。也可与生产厂提供的允许公差范围表对比判定。

附录二　防雷装置检测文件归档整理规范

1　范围

本标准规定了防雷装置检测文件归档的基本规定以及归档文件的形式、范围、质量和立卷等要求。

本标准适用于防雷装置检测文件的归档整理。

2　规范性引用文件

下列文件对于本文件的应用是必不可少的。凡是注日期的引用文件，仅所注日期的版本适用于本文件。凡是不注日期的引用文件，其最新版本（包括所有的修改单）适用于本文件。

GB/T 10609.3-2009 技术制图、复制图的折叠方法

3　术语和定义

下列术语和定义适用于本文件。

3.1

防雷装置检测文件　document of lightning protection system inspection

在防雷装置检测过程中所涉及或形成的各种形式的信息记录。

3.2

案卷 file

由互有联系的若干文件组成的档案保管单元。

注：改写 GB/T 50328-2014，定义 2.0.13

3.3

档号 archival code

以字符形式赋予档案实体的用以固定和反映档案排列顺序的一组代码。

[GB/T 11822-2008，定义 3.5]

3.4

立卷 filing

按照一定的原则和方法，将有保存价值的文件分门别类整理成案卷，亦称组卷。

[GB/T 50328-2014，定义 2.0.14]

3.5

归档 putting into record

文件形成部门或形成单位完成其工作任务后，将形成的文件整理立卷后，按规定向本单位档案室移交的过程。

注：改写 GB/T 50328-2014，定义 2.0.15

4 基本规定

4.1 检测文件归档应遵循完整性、准确性、系统性原则。

4.2 检测归档文件的形成和积累应纳入有关人员职责范围。

4.3 检测归档文件收集应与检测工作同步进行，不得事后补编。

4.4 检测归档文件应至少保存 2 年。

5 归档文件的要求

5.1 归档形式与范围

5.1.1 检测文件可采用纸质或电子文件两种归档形式。

5.1.2 检测文件归档范围应符合附录 A 中表 A.1 的规定。

5.2 质量要求

5.2.1 纸质归档文件

5.2.1.1 纸质归档文件宜为原件。当为复印件时，单页的复印件应在其空白处加盖检测单位的公章，完整文件的复印件应在文件封面盖章，并在装订文件的侧面盖骑缝章，且由技术负责人签字确认。

5.2.1.2 纸质归档文件应采用碳素墨水、蓝黑墨水等耐久性强的书写材料，不得使用红色墨水、纯蓝墨水、圆珠笔、复写纸、铅笔等易褪色的书写材料。计算机输出文字和图件应使用激光打印机，不应使用色带式打印机、水性墨打印机和热敏打印机。

5.2.1.3 纸质归档文件应字迹清楚，图样清晰，图表整洁，签字盖章手续应完备。

5.2.1.4 纸质归档文件的文字材料幅面尺寸规格宜为 A4 幅面（297mm×210mm），工程图纸宜采用国家标准图幅。

5.2.1.5 纸质归档文件的纸张应采用能长期保存的韧力大、耐久性强的纸张。

5.2.2 电子归档文件

5.2.2.1 当归档文件为电子文件格式时，应采用表 1 所列文件格式进行存储，不属于表 1 格式的电子归档文件应进行转换。有签字或印章的文件宜采用扫描件，并按图像文件格式存储，扫描件图像分辨率应按以下要求进行设置：

——扫描分辨率参数大小的选择，原则上以扫描后的图像清晰、完整、不影响图像的利用效果为准；

——采用黑白二值、灰度、彩色几种模式对档案进行扫描时，其分辨率一般均建议选择大于或等于 100dpi。特殊情况下，如文字偏小、密集、清晰度较差等，可适当提高分辨率；

——需要进行 OCR 汉字识别的档案，扫描分辨率建议选择大于或等于 200dpi。

5.2.2.2　由专用软件系统（平台）产生的电子归档文件应导出并转换为表 1 所列文件格式，不得使用专用软件系统（平台）直接存储归档文件。

表 1　电子归档文件存储格式

文件类别	格式(后缀)
文本(表格)文件	pdf、xml、doc
图像文件	jpeg、tiff
图形文件	dwg、pdf、svg
影像文件	mpeg2、mpeg4、avi
声音文件	mp3、wav

所有电子归档文件应采用一次写入光盘刻录存储，光盘不应磨损、划伤，无病毒、无数据读写故障，且至少应刻录 2 份或以上。

光盘刻录完成后，检测单位应有专人对光盘内所有归档的电子文件进行审核，确认无误后进行归档，光盘的分类与编号参考纸质归档文件。

6　文件的立卷

6.1　要求

6.1.1　遵循文件的自然形成规律，保持案卷内文件的有机联系和案卷的成套、系统，便于档案的保管和利用。

6.1.2　案卷应以每份委托协议为单位进行组卷，厚度一般不超过 40mm，当文件数量较多时可采用分卷的形式。

6.1.3　案卷内文件应齐全、完整、唯一，签章手续完备，且不应有重份。

6.1.4　成册、成套的文件宜保持其原有状态。

6.1.5　不同载体的文件应分别立卷。

6.1.6　书写应字迹清晰端正，字体宜为楷体。

6.2　流程

6.2.1　对卷内文件进行排列、编目、装订。

6.2.2　排列所有案卷，形成案卷目录。

6.3　卷内文件的排列

6.3.1　卷内文件宜按附表 A.1 的顺序进行排列。

6.3.2　文字材料的主件与附件不能分开，并按主件在前、附件在后的顺序排列。

6.3.3　当归档文件包含文字和图纸材料时，文字材料排前，图纸排后。

6.4 案卷编目

6.4.1 封面编制

6.4.1.1 案卷封面印制在卷盒正表面，亦可采用内封面形式，式样见附录B。

6.4.1.2 案卷封面的内容应包括：档号、案卷题名、编制单位、起止日期、密级、保管期限、共几卷、第几卷。

6.4.1.3 档号应至少包括归档分类、日期、案卷号、分卷号等信息。

6.4.1.4 案卷题名应简明、准确地揭示卷内文件的内容。

6.4.1.5 编制单位应填写案卷的形成单位。

6.4.1.6 起止日期应填写案卷内全部文件形成的起止日期。

6.4.1.7 涉密事项文件，应明确文档密级，密级应在绝密、机密、秘密三个级别中选择划定。同一案卷内有不同密级的文件应以最高密级为本卷密级。

6.4.2 卷内目录编制

6.4.2.1 每个案卷应编制卷内目录，并作为卷内首个案卷（或卷内）文件，式样见附录C。

6.4.2.2 卷内目录应符合下列规定：

a）序号：以一份文件为单位，用阿拉伯数字从1依次标注。

b）责任者：填写文件的直接形成单位或个人。多个责任者时，选择两个主要责任者，其余用“等”代替。

c）文件编号：填写防雷装置检测文件原有的文号或图号。

d）文件题名：填写文件标题的全称。当文件无标题时应根据内容拟写标题，拟写标题外应加“[]”符号。

e）日期：填写文件形成的日期。日期中‘年’应用四位数字表示‘月’和‘日’应分别用两位数字表示。

f）页次：填写文件在卷内所排的起始页号。最后一份文件填写起止页号。

6.4.3 卷内文件页号编写

6.4.3.1 卷内文件均按有书写内容的页面编号。每卷单独编号，页号从“1”开始。

6.4.3.2 当卷内目录有多页（二页及以上）时，应用大写罗马数字编号，页号从“Ⅰ”开始。

6.4.3.3 页号编写位置：单面书写的文件在右下角；双面书写的文件，正面在右下角，背面在左下角。折叠后的图纸一律在右下角。

6.4.3.4 成套图纸或印刷成册的文件材料，自成一卷的，原目录可代替卷内目录，不必重新编写页号。

6.4.3.5 案卷封面、卷内备考表不编写页号。

6.4.4 卷内备考表编制

6.4.4.1　卷内备考表式样见附录D。

6.4.4.2　卷内备考表主要标明卷内文件总页数、各类文件页数，以及立卷单位对案卷情况的说明。

6.4.4.3　卷内备考表，应排列在卷内文件尾页之后。

6.4.4.4　立卷人和审核人应在卷内备考表上签字，日期应按立卷、审核时间填写年月日。

6.5　案卷装订

6.5.1　案卷可采用装订与不装订两种形式。文字材料必须装订。装订时不应破坏文件的内容，并应保持整齐牢固，便于保管和利用。

6.5.2　装订时必须剔除金属物。

6.5.3　案卷内超出卷盒幅面的文件应叠装，图纸折叠方法见GB/T 10609.3-2009。

6.6　案卷脊背编制

6.6.1　案卷脊背印制在卷宗或卷盒侧面，式样见附录E。

6.6.2　案卷脊背的内容应包括档号、案卷题名。

7　文件的归档

7.1　归档文件应经过分类整理，组成符合要求的案卷后移交档案室。

7.2　检测文件宜在检测工作全部完成后一个月内归档。

7.3　档案管理人员应每隔四年对光盘进行一次抽样机读检验，抽样率不低于百分之十，发现读取问题应及时采取恢复措施。

附录 A
（规范性附录）
检测文件归档范围

表 A.1 检测文件归档范围

序号	归档文件	文件载体要求	备注
1	检测委托协议书或合同	纸质或电子	
2	防雷装置竣工图	纸质或电子	如未涉及不归档
3	检测方案	纸质或电子	如未涉及不归档
4	检测原始记录	纸质或电子	
5	不合格项目整改意见书	纸质或电子	如未涉及不归档
6	复检原始记录	纸质或电子	如未涉及不归档
7	检测报告	纸质或电子	
8	费用结算单	纸质或电子	如未涉及不归档
9	其他需要归档的文件（如用户意见、防雷安全提示、防雷整改沟通会议纪要）	纸质或电子	如未涉及不归档

附录 B
（规范性附录）
案卷封面式样

单位：mm

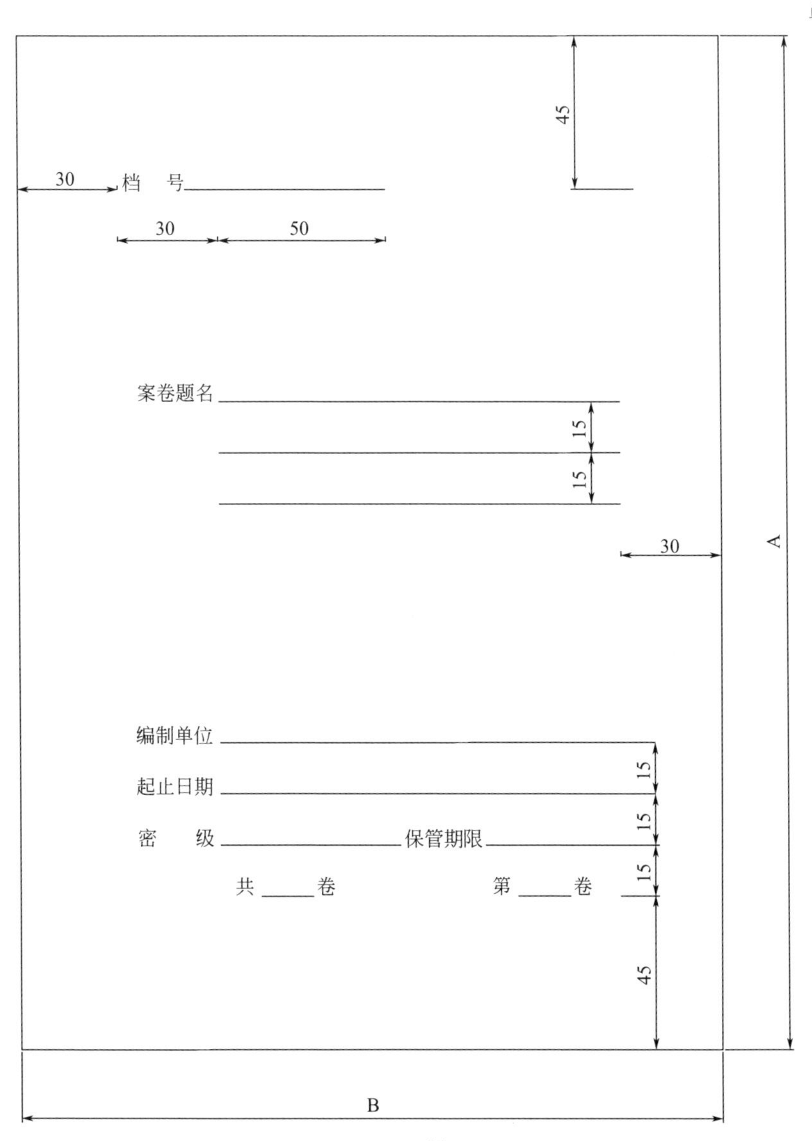

例1:2

注：卷盒、卷夹封面A×B为310mm×220mm，案卷封面A×B为297mm×210mm。

图 B.1　案卷封面式样

附录 C
(规范性附录)
卷内目录式样

单位：mm

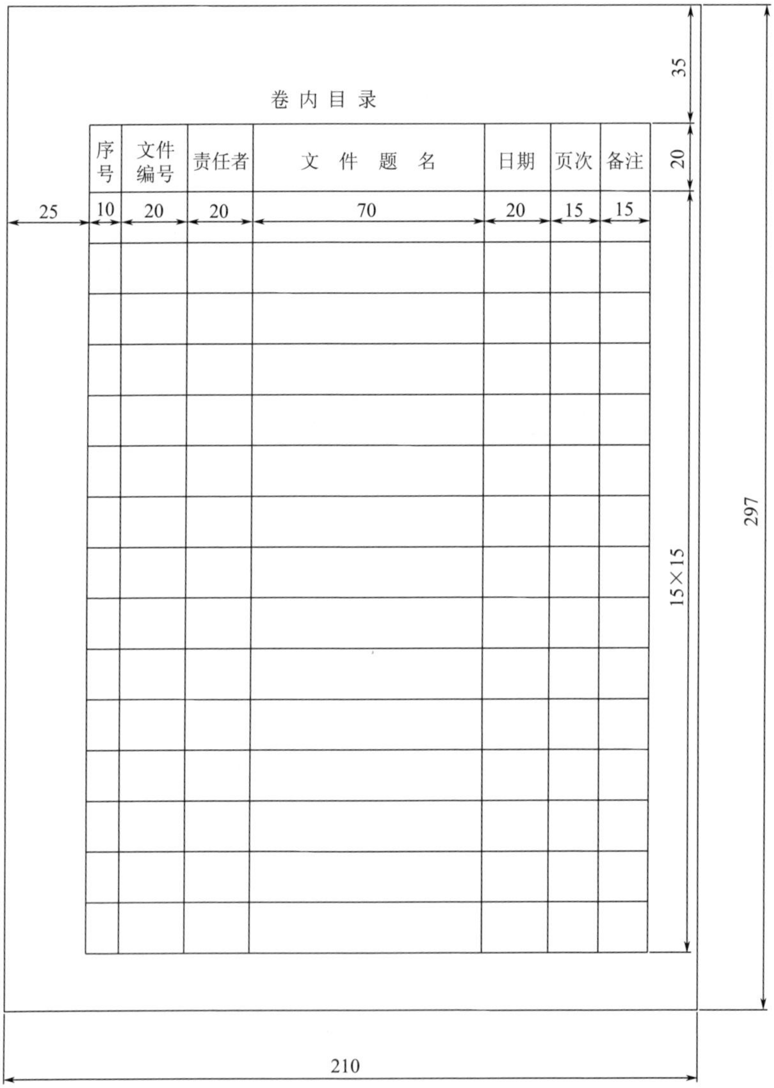

卷 内 目 录

序号	文件编号	责任者	文 件 题 名	日期	页次	备注
10	20	20	70	20	15	15

25

35

20

15×15

297

210

例1:2

图 C.1　卷内目录式样

附录 D
（规范性附录）
卷内备考表式样

单位：mm

比例1:2

图 D. 1　卷内备考表式样

附录 E
(规范性附录)
案卷脊背式样

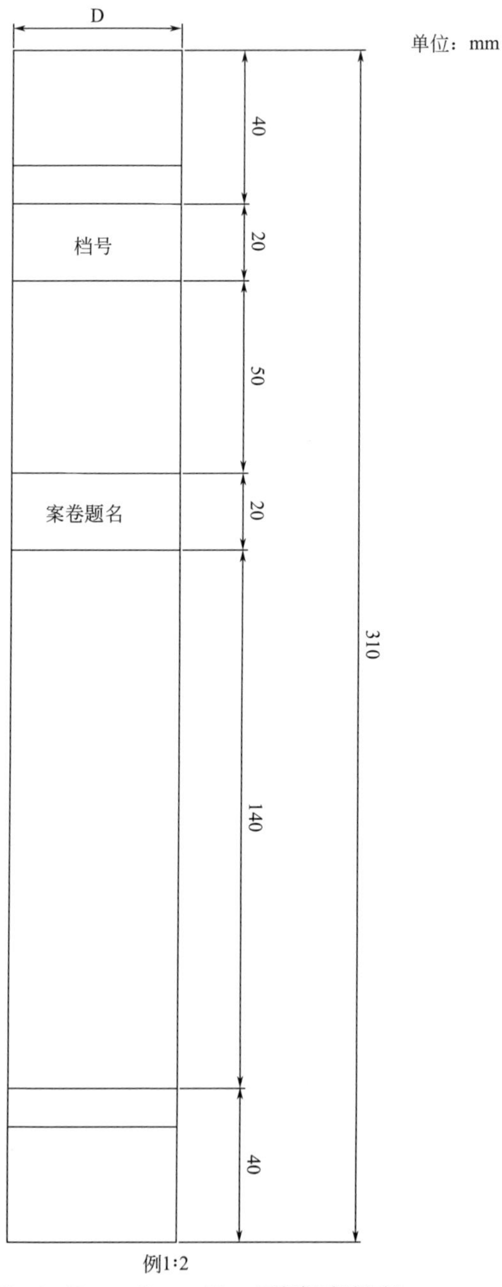

注：D=20mm、30mm、40mm、50mm(可根据需要设定)。

图 E.1　案卷脊背式样

附录三　山东省防雷文书编号简码表

附表一　山东省各市县简码（CCCC）表

市县名称	简码	名称缩写	市县名称	简码	名称缩写	市县名称	简码	名称缩写	市县名称	简码	名称缩写	市县名称	简码	名称缩写
济南市	SDJN	济	烟台市	SDYT	烟	潍坊市	SDWF	潍	威海市	SDWH	威	聊城市	SDLC	聊
章丘	JNZQ		福山	YTFS		寒亭	WFHT		荣成	WHRC		临清	LCLQ	
长清	JNCQ		龙口	YTLK		青州	WFQZ		文登	WHWD		高唐	LCGT	
平阴	JNPY		莱州	YTLZ		诸城	WFZC		乳山	WHRS		茌平	LCCP	
济阳	JNJY		莱阳	YTLY		寿光	WFSG		石岛	WHSD		东阿	LCDE	
商河	JNSH		蓬莱	YTPL		昌邑	WFCY		德州市	SDDZ	德	阳谷	LCYG	
青岛市	SDQD	青	招远	YTZY		安丘	WFAQ		乐陵	DZLL		莘县	LCSX	
崂山	QDLS		牟平	YTMP		高密	WFGM		禹城	DZYC		冠县	LCGX	
即墨	QDJM		海阳	YTHY		昌乐	WFCL		陵县	DZLX		济宁市	SDJF	济
胶州	QDJZ		栖霞	YTQX		临朐	WFLQ		平原	DZPY		曲阜	JFQF	
胶南	QDJN		长岛	YTCD		滨州市	SDBZ	滨	夏津	DZXJ		兖州	JFYZ	
平度	QDPD		临沂市	SDLY	临	沾化	BZZH		武城	DZWC		邹县	JFZX	
莱西	QDLX		沂南	LYYN		博兴	BZBX		临邑	DZLY		汶上	JFWS	
淄博市	SDZB	淄	沂水	LYYS		邹平	BZZP		宁津	DZNJ		泗水	JFSS	
临淄	ZBLZ		莒南	LYJN		惠民	BZHM		庆云	DZQY		微山	JFWH	
淄川	ZBZC		临沭	LYLS		阳信	BZYX		齐河	DZQH		鱼台	JFYT	
博山	ZBBS		郯城	LYTC		无棣	BZWD		菏泽市	SDHZ	菏	金乡	JFJX	
周村	ZBZC		苍山	LYCS		日照市	SDRZ	日	鄄城	HZJC		嘉祥	JFJI	
桓台	ZBHT		费县	LYFX		五莲	RZWL		郓城	HZYC		梁山	JFLS	
沂源	ZBYY		平邑	LYPY		莒县	RZJX		巨野	HZJY		莱芜市	SDLW	莱
高青	ZBGQ		蒙阴	LYMY		泰安市	SDTA	泰	成武	HZCW				
东营市	SDDY	东	枣庄市	SDZZ	枣	新泰	TAXT		单县	HZSX				
广饶	DYGR		薛城	ZZXC		肥城	TAFC		定陶	HZDT				
利津	DYLJ		峄城	ZZYC		宁阳	TANY		曹县	HZCX				
垦利	DYKL		台儿庄	ZZTE		东平	TADP		东明	HZDM				
河口	DYHK		滕州	ZZTZ										

附表二　工作性质简码表

工作性质	简码	缩写
防雷装置检测	NJ	检
设计技术评价	SJPJ	评
竣工验收	YS	验
图纸审核	SH	审
雷电灾害调查	LJDC	--
雷电灾害鉴定	LJJD	--
防雷工程勘察	GCKC	--
防雷工程施工	GCSG	--
跟踪验收	GZYS	--
防雷装置整改	--	改

附录四　雷电灾害调查仪器、设备表

仪器、设备名称		说明	单位:测量范围
测量工具	钢卷尺	自卷式或制动式测量上限	m:1,2,3,5
		摇卷盒式或摇卷架式测量上限	m:5,10,20,50
	游标卡尺	全长	mm:0～150
		分度值	mm:0.02
	经纬仪	度盘分划	360°
		最小格值	1″/1cc
		补偿范围	±2′
		安装误差	±0.3″
	激光测距仪	测量范围	0.2m～200m
		测量时间	测量距离 0.5s～4s
		跟踪测量	跟踪测量:0.16s～1s
	超声波数字式测厚仪	测量范围	1.5mm～200m
		传感器	超声波
		分辨率	0.1mm
		精度	(±0.5%n+0.2)
工频接地电阻测试仪		测量范围/Ω:0～ 9.9 10～99.9 100～199	
		最小分度值/Ω: 0.02 0.2 2	
		精度:±3%	
微欧计		测量范围/Ω:0～19.99mΩ 10～199.9mΩ 0～1.999Ω 0～19.99Ω	
		分辨率: 10μΩ 100μΩ 1mΩ 10mΩ	
		精度: 0.1% 0.1% 0.1% 0.1%	
防雷元件测试仪		测量范围:0～1500V 0.1μA～199.9μA	
		精度:≤±(2%+1d) ≤±(3%+3d)	
剩磁测试仪		测量范围:0mT～200mT	
		分辨率:0.1mT	
数码照相机、摄像机	照相机	——	
	摄像机	——	

续表

<table>
<tr><th>仪器、设备名称</th><th>说明</th><th>单位:测量范围</th></tr>
<tr><td rowspan="4">频谱分析仪</td><td colspan="2">频率范围:0.15MHz~1050MHz</td></tr>
<tr><td colspan="2">中心频率显示精度:±100kHz</td></tr>
<tr><td colspan="2">扫描宽度:±100kHz/格~100MHz/格</td></tr>
<tr><td colspan="2">幅度:-100dBm~+1.3dBm</td></tr>
<tr><td rowspan="5">GPS定位仪</td><td colspan="2">通道:12(L1码)</td></tr>
<tr><td colspan="2">更新率:1Hz</td></tr>
<tr><td colspan="2">首次捕获时间:40s</td></tr>
<tr><td colspan="2">协议:NMEA(GGA GSA GSV RMC)</td></tr>
<tr><td colspan="2">精度(水平)单机定位:5m~10m</td></tr>
</table>

附录五 名词解释

1 对地闪击 lightning flash to earth

雷云与大地（含地上的突出物）之间的一次或多次放电。

2 雷击 lightning stroke

对地闪击中的一次放电。

3 雷击点 point of strike

闪击击在大地或其上突出物（例如，建筑物、防雷装置、户外管线、树木等）上的那一点。一次闪击可能有多个雷击点。

4 雷电流 lightning current

流经雷击点的电流。

5 防雷装置 lightning protection system（LPS）

用于减少闪击击于建筑物上或建筑物附近造成的物质性损害和人身伤亡，由外部防雷装置和内部防雷装置组成。

6 外部防雷装置 external lightning protection system

由接闪器、引下线和接地装置组成。

注：外部防雷装置完全与被保护的建筑物脱离者称为独立的外部防雷装置，其接闪器称独立接闪器。

7 内部防雷装置 internal lightning protection system

由防雷等电位连接和与外部防雷装置的间隔距离组成。

8 接闪器 air-termination system

由拦截闪击的接闪杆、接闪带、接闪线、接闪网以及金属屋面、金属构件等组成。

注：以前，接闪杆称为接闪针，接闪带称为接闪带，接闪线称为接闪线，接闪网称为接闪网。

9 引下线 down-conductor system

用于将雷电流从接闪器传导至接地装置的导体。

10 接地装置 earth-termination system

接地体和接地线的总称，用于传导雷电流并将其流散入大地。

11 接地体 earth electrode

埋入土壤中或混凝土中作散流用的导体。

12 接地线 earthing conductor

从引下线断接卡或换线处至接地体的连接导体；或从接地端子、等电位连接带至接地体的连接导体。

13　直击雷 direct lightning flash

闪击直接击于建筑物、其他物体、大地或外部防雷装置上，产生电效应、热效应和机械力者。

14　闪电静电感应 lightning electrostatic induction

由于雷云的作用，使附近导体上感应出与雷云符号相反的电荷，雷云主放电时，先导通道中的电荷迅速中和，在导体上的感应电荷得到释放，如没有就近泄入地中就会产生很高的电位。

15　闪电电磁感应 lightning electromagnetic induction

由于雷电流迅速变化在其周围空间产生瞬变的强电磁场，使附近导体上感应出很高的电动势。

16　闪电感应 lightning induction

闪电放电时，在附近导体上产生的雷电静电感应和雷电电磁感应，它可能使金属部件之间产生火花放电。

17　闪电电涌 lightning surge

闪电击于防雷装置或线路上以及由闪电静电感应或雷击电磁脉冲引发表现为过电压、过电流的瞬态波。

18　闪电电涌侵入 lightning surge on incoming services

由于雷电对架空线路、电缆线路或金属管道的作用，雷电波，即闪电电涌，可能沿着这些管线侵入屋内，危及人身安全或损坏设备。

19　防雷等电位连接 lightning equipotential bonding（LEB）

将分开的诸金属物体直接用连接导体或经电涌保护器连接到防雷装置上以减小雷电流引发的电位差。

20　等电位连接带 bonding bar

将金属装置、外来导电物、电力线路、电信线路及其他线路连于其上以能与防雷装置做等电位连接的金属带。

21　等电位连接导体 bonding conductor

将分开的诸导电性物体连接到防雷装置的导体。

22　等电位连接网络　bonding network（BN）

将建筑物和建筑物内系统（带电导体除外）的所有导电性物体互相连接组成的一个网。

23　接地系统 earthing system

将等电位连接网络和接地装置连在一起的整个系统。

24　防雷区 lightning protection zone（LPZ）

划分雷击电磁环境的区，一个防雷区的区界面不一定要有实物界面，例如不一定要有墙壁、地板或天花板作为区界面。

25 雷击电磁脉冲 lightning electromagnetic impulse（LEMP）

雷电流经电阻、电感、电容耦合产生的电磁效应，包含闪电电涌和辐射电磁场。

26 电气系统 electrical system

由低压供电组合部件构成的系统。

注：也有称为“低压配电系统”或“低压配电线路”。

27 电子系统 electronic system

由敏感电子组合部件构成的系统。例如，由通信设备、计算机、控制和仪表系统、无线电系统、电力电子装置构成的系统。

28 建筑物内系统 internal system

建筑物内的电气系统和电子系统。

29 电涌保护器 surge protective device（SPD）

用于限制瞬态过电压和分泄电涌电流的器件。它至少含有一个非线性元件。

30 保护模式 modes of protection

电气系统电涌保护器的保护部件可连接在相对相、相对地、相对中性线、中性线对地及其组合。电子系统电涌保护器的保护部件连接在线与线之间称为差模保护，连接在线与地之间称为共模保护。这些连接方式统称为保护模式。

31 最大持续运行电压 maximum continuous operating voltage（Uc）

可持续加于电气系统电涌保护器保护模式的最大方均根电压或直流电压；可持续加于电子系统电涌保护器端子上，且不致引起电涌保护器传输特性减低的最大方均根电压或直流电压。

32 标称放电电流 nominal discharge current（In）

流过电涌保护器 8/20μs 电流波的峰值。

33 冲击电流 impulse current（Iimp）

由电流幅值 Ipeak、电荷 Q 和单位能量 W/R 三个参数所限定。

34 以 Iimp 试验的电涌保护器 SPD tested with Iimp

耐得起 10/350μs 典型波形的部分雷电流的电涌保护器需要用 Iimp 电流做相应的冲击试验。

35 Ⅰ级试验 classⅠ test

电气系统中采用Ⅰ级试验的电涌保护器要用标称放电电流 In、2/50μs 冲击电压和最大冲击电流 Iimp 做试验。Ⅰ级试验也可用 T1 外加方框表示，即[T1]。

36 以 In 试验的电涌保护器 SPD tested with In

耐得起 8/20μs 典型波形的感应电涌电流的电涌保护器需要用 In 电流做相应的

冲击试验。

37 Ⅱ级试验 classⅡ test

电气系统中采用Ⅱ级试验的电涌保护器要用标称放电电流 In、1.2/50μs 冲击电压和 8/20μs 电流波最大放电电流 Imax 做试验。Ⅱ级试验也可用 T2 外加方框表示，即[T2]。

38 以组合波试验的电涌保护器 SPD tested with a combination wave

耐得起 8/20μs 典型波形的感应电涌电流的电涌保护器需要用 Isc 短路电流做相应的冲击试验。

39 Ⅲ级试验 classⅢ test

电气系统中采用Ⅲ级试验的电涌保护器要用组合波做试验。组合波定义为由 2Ω 组合波发生器产生 1.2/50μs 开路电压 Uoc 和 8/20μs 短路电流 Isc。Ⅲ级试验也可用 T3 外加方框表示，即[T3]。

40 电压开关型电涌保护器 voltage switching type SPD

无电涌出现时为高阻抗，当出现电压电涌时突变为低阻抗。通常采用放电间隙、充气放电管、硅可控整流器或三端双向可控硅元件做这类电涌保护器的组件。这类电涌保护器也称“克罗巴型”电涌保护器。电压开关型电涌保护器具有不连续的电压/电流特性。

41 限压型电涌保护器 voltage limiting type SPD

无电涌出现时为高阻抗，随着电涌电流和电压的增加，阻抗跟着连续变小。通常采用压敏电阻、抑制二极管做这类电涌保护器的组件。这类电涌保护器也称“箝压型”电涌保护器。限压型电涌保护器具有连续的电压、电流特性。

42 组合型电涌保护器 combination type SPD

由电压开关型元件和限压型元件组合而成的电涌保护器，其特性随所加电压的特性可以表现为电压开关型、限压型或两者皆有。

43 测量的限制电压 measured limiting voltage

施加规定波形和幅值的冲击波时，在电涌保护器接线端子间测得的最大电压值。

44 电压保护水平 voltage protection level（Up）

表征电涌保护器限制接线端子间电压的性能参数，其值可从优先值的列表中选择。该值应大于所测量的限制电压的最高值。

45 1.2/50 冲击电压 1.2/50 voltage impulse

规定的波头时间 T1 为 1.2μs、半值时间 T2·为 50μs 的冲击电压。

46 8/20 冲击电流 8/20 current impulse

规定的波头时间 T1 为 8μs、半值时间 T2 为 20μs 的冲击电流。

47 设备耐冲击电压额定值 rated impulse with stand voltage of equipment（Uw）

设备制造商给予的设备耐冲击电压额定值，表征其绝缘防过电压的耐受能力。

48 插入损耗 insertion loss

在电气系统中：在给定频率下，连接到给定电源系统的电涌保护器的插入损耗定义为，电源线上紧靠电涌保护器接入点之后，在被试电涌保护器接入前后的电压比，结果用 dB 表示。在电子系统中，由于在传输系统中插入一个电涌保护器所引起的损耗，它是在电涌保护器插入前传递到后面的系统部分的功率与电涌保护器插入后传递到同一部分的功率之比。插入损耗通常用 dB 表示。

49 回波损耗 return loss

反射系数倒数的模。一般以分贝（dB）表示。

50 近端串扰 near-end crosstalk（NEXT）

串扰在被干扰的通道中传输，其方向与产生干扰的通道中电流传输的方向相反。在被干扰的通道中产生的近端串扰，其端口通常靠近产生干扰的通道的供能端，或与之重合。

后　　记

防雷文书是反映防雷减灾工作严肃性、有效性、规范性的具有法律效力和法律参考意义的文书，正确使用科学、规范的防雷文书，对于建立健全上下衔接配套、分级监督调度、属地管理为主的发展模式，促进防雷减灾工作进一步规范化、标准化、专业化，提升防雷技术人员服务水平具有十分重要作用。

自 2000 年 1 月 1 日《中华人民共和国气象法》正式施行以来，各单位依法开展防雷安全管理和技术服务工作，取得非常显著的社会经济效益。2010 年 4 月 1 日起施行的《气象灾害防御条例》以法律法规的形式确立了防雷减灾工作的原则和机制，对防雷减灾工作提出了新要求、目标。其后分别修订颁发了《防雷减灾管理办法》、《雷电防护装置检测资质管理办法》等一系列配套规章。随着经济社会的发展，防雷市场竞争环境日趋复杂，也迫切要求依法、规范开展防雷工作。为此，我们依据现行相关法律法规和技术标准，借鉴了部分省市先进经验，结合多年从事防雷行政管理和技术服务的实践体会，经专家多次论证和征求部分气象局意见，编写了《防雷文书编制规范》一书。该书主要包括防雷装置常规检测文书、新建防雷工程设计技术评价和竣工验收文书、防雷工程参考文书、雷电灾害调查和鉴定文书、防雷行政许可文书的制作要求和文书样式，还收集了与防雷工作相关的技术标准及规章制度，是防雷从业人员从事防雷行政管理和技术服务等工作的必备工具书，更可作为培训防雷技术服务人员的实用教材。希望此书的出版能对提升各地防雷行政管理和技术服务水平起到积极的指导和促进作用。

尽管我们为编写本书倾注了很大的热情，付出了辛勤的劳动，但由于水平有限，书中疏漏和错误之处在所难免，恳请广大读者批评指正。

作者

2016 年 6 月 1 日